天下文化

BELIEVE IN READING

BCG企畫思考

頂尖顧問教你從無到有推出主管和客戶都滿意的提案

BCG獲獎顧問、Cobe Associe創辦人
田中志——著
賴惠鈴——譯

仕事がデキる人のたたき台のキホン

CONTENTS
目次

第3章 沒靈感時，BCG頂尖顧問的突破技巧 129

第4章

善用草案，打造最強團隊

前言

BCG頂尖顧問提交企畫前，會先這樣做

「總之，先寫個草案來看看。」提到草案，前面通常會加上「總之，先……」這樣的開場白。但我希望大家讀完本書都能拿掉「總之，先……」，直接把「草案」當成最強悍的溝通工具。

原則上，幾乎沒有人能一下子就寫出完美的企畫書或資料。起初都是從完成度比較低的企畫書或資料開始，參考許多人的意見和構想，再逐漸提高完成度。因此第一步是提出「草案」。顧名思義，「草案」是

「需要再推敲，可以再琢磨」的方案。

另一方面，「草案」確實也比較容易給人「既然需要再推敲，可以再琢磨，是不是隨便寫寫就行？」的印象。草案雖然「需要再推敲，可以再琢磨」，但也不是怎麼寫都可以。

草案有兩種。一種是有助於抵達終點「易於調整的草案」；另一種是只有提出來，別說是調整，甚至沒有人要看，轉眼間就被忘得一乾二淨「不易調整的草案」。

兩種草案的差別，**在於能不能變成把周圍的人一起拉進來熱烈的討論**。該怎麼做，才能把草案變成能把周圍的人拉進來熱烈討論的工具呢？坊間有很多教我們怎麼產生靈感，或把資料整理得有條有理的工具書，但我還沒看過教大家怎麼善用草案的書。

因此，我想告訴大家「草案」真正的效果與使用方法。

我畢業後進入波士頓顧問公司（以下簡稱ＢＣＧ）工作，在那裡學會工作的基礎。進ＢＣＧ工作前，我還以為外商公司的顧問工作沒什麼難度，只要傾聽客戶的煩惱或難題，提出問題，蒐集各式各樣的數據加以分析，便會得到「就是這個！」的答案。再來，只要將答案整理成簡報資料，在大會議室向客戶公司的經營團隊侃侃而談即可。我以為，一流的顧問就是能行雲流水的完成以上一連串的流程，並且維持高品質和準確度。

然而，進公司後體驗到的現實完全不是這麼一回事。明明不管是客戶或顧問，參與的成員都很優秀，推動的專案卻常常進三步退兩步。只能一步一腳印的不斷進行瑣碎的討論，這也不是、那也不對的絞盡腦汁，最後一點一滴的把內容擠出來。一旦遇到不懂的事，就得從頭開始研究，請教專家的意見。在公司裡得與上頭據理力爭，才能逐漸進入擬訂策略及計畫、施行的階段……如此周而復始。

這時，一定會用到「草案」。

優秀的顧問或許光靠口頭上的討論就能有概念，但是在ＢＣＧ，所有人的共識是「沒有草案就無法開始討論」。所以每個顧問每日都在孜孜不倦的提出草案。

偶爾也會出現幾乎不用討論就能直接過關的草案。「太幸運了！肯定是很優秀的企畫吧？」我曾經冷眼旁觀，心中又覺得好生羨慕。不過，那種企畫十之八九都會在執行過程出問題，不是整個專案觸礁，就是出現整個企畫打掉重練的狀況。

另一方面，在草案階段就徹底琢磨過的企畫，後來都能很順利的進行下去。我認為，**這是因為經過不斷討論、脫穎而出的草案，已經徹底打好基礎，為專案導向成功之路**。因此我持續從錯誤中學習，拚命研究如何製作出能成為討論核心的草案。

本書討論的主題「草案」有諸多意義。對我而言，草案是用來「向別人取經、借用智慧」的工具。這是我在ＢＣＧ學到的思考邏輯。

ＢＣＧ經常使用「**借用別人的智慧**」這種說法。再聰明的人也並非無所不知、無所不曉。因此顧問公司都是以「團隊」的方式，借用海外辦公室的專家、業界執牛耳的客戶、持續接觸市場及第一線的專業人士等各方智慧，才得以深入思考。

顧問不只是自己的專業領域，在其他領域往往也能發揮作用，因為在諮詢工作的第一線就能透過草案爭取許多人的意見和智慧，找出對團隊有意義的方向。而且，顧問得一口氣讓每個構想都能發光發熱，還必須在短時間內產出大量高品質的草案，也因此顧問很擅長製作草案。

回頭看，我從很早之前就有寫書的構想。本書還在企畫階段的二〇二一年春天，我在社群網站上發表一篇文章〈製作草案的人太偉大了。因為……〉意外得到許多人的回饋。當我看到那些回饋，深刻感受到自己在職場上完全搞錯「草案」的用法，難怪工作起來一點也不輕鬆，成果也不亮眼。同時，也深刻體會到日本人大概十之八九都不會好好利用草案。

我想把這本書獻給所有曾經說過、或曾經被說過「寫個草案來看看」的人。要是能讓各位稍微理解到這句話背後有哪些期待、能做什麼、該怎麼使用，那就太好了。

另外，本書執筆、編輯的時間介於二〇二二年底到二〇二三年初之間，當時以 GPT-4 為主的 LLM（Large Language Model，大型語言模型）及圖片、影片生成式 AI、ChatGPT 等個別服務廣受世人矚目。提到本書的主題「草案」時，也有些知識份子會說：「總之先輸入指令（命令提示字元），就能生出很多點子。」、「有了這個玩意兒，人類就不需要構思草案。」

然而（至少就現狀而言），ＡＩ所能提供的構想多半是建立在事先學習的資料上，也就是「最像一回事、最不會出問題」的構想，**絕對無法代替人類絞盡腦汁思考的結果**。如果直接採用ＡＩ提供的構想，各位會變得跟別人一樣。

另一方面，只要能學會本書介紹的草案原理、原則及使用方法，再結合ＡＩ善加運用，實際上能產生好幾倍的威力。

實不相瞞，我在製作草案或使用那些草案進一步探討的過程中，也會將各種ＡＩ服務運用到淋漓盡致，因而提升好幾倍的作業效率及效果。有機會的話我會再為各位介紹具體的手法。

願各位都能透過這本書理解草案真正的魅力，得到改變行動的提示。現在就使用更好的草案，一起展開充實的工作之旅。

第 1 章

用草案做意向溝通，讓工作變輕鬆

乍看合理的點子，容易落入陷阱

有「好的草案」，就有「不好的草案」。問題是，世上絕大多數人都一直在做不好的草案。

首先為各位介紹幾個例子。故事舞台是某城市的飯店，其營業額一年比一年衰退；再這樣下去，很有可能會破產。

經營企畫室的課長要求進公司五年的山田先生說：「下次經營會議須提出飯店改革方案，可以請你先寫個草案來看看嗎？」

一週後，山田先生準備好大量的資料，用Power Point（PPT）製作精美的簡報，交給課長。

山田（進公司第五年，所屬部門為業務企畫室）：「課長，這是要在下次經營會議上提出的改革方案，我想了一些針對外國觀光客的旅遊構想。」

課長：「針對外國觀光客的旅遊構想啊，很跟得上時事呢。」

山田：「我之所以有這個構想，是基於外國觀光客人數成長的數據。請您看這份資料，從二〇一二年起，外國觀光客急速增加。這是因為日本政府放寬審核入境簽證的條件，致力於吸引外國人來日本旅遊，並且以二〇三〇年達到六千萬人為目標。據說，將有十五兆日圓的市場規模。」

課長：「那可真不得了啊。」

山田：「雖說旅館及飯店業界市場規模出現變化，旅館數量卻沒有顯著增加，但飯店業的需求市場確實擴大。我認為，這是因為有外國觀光客的旅遊需求。再調查我們飯店的外國觀光客人數，可以發現每年平均只有五十人左右。倘若我們飯店的外國觀光客可以增加，營業額應該就會跟著增加。」

課長：「有道理。」

山田：「因此我認為，可以加強網路行銷的力道。我在研究針對外國觀光客的旅遊宣傳該怎麼做才好的時候，發現有專門拍影片給外國人看的公司。我在想，是不是可以委託那家公司拍攝宣傳影片。」

課長：「哦，不錯啊，聽起來很酷。好，你就在董事會上提出這個方案吧。」

山田先生的草案

外國觀光客持續增加

外國觀光客持續增加的背景

- 2012 年：放寬亞洲各國的簽證核發條件
- 2015 年：放寬中國的簽證核發條件
- 廉價航空及郵輪增加

○○○○○○○○○○○○○○○○○○○○○○○○○○○○
○○○○○○○○○○○○○○○○○○○○○○○○○○○○
○○○○○○○○○○○○○○○○○○○○○○○○○○○○
○○○○○○○○○○○○○○○○○○○○○○○○○○○○
○○○○○○○○○○○○○○○○○○○○○○○○○○○○
○○○○○○○○○○○○○○○○○○○○○○

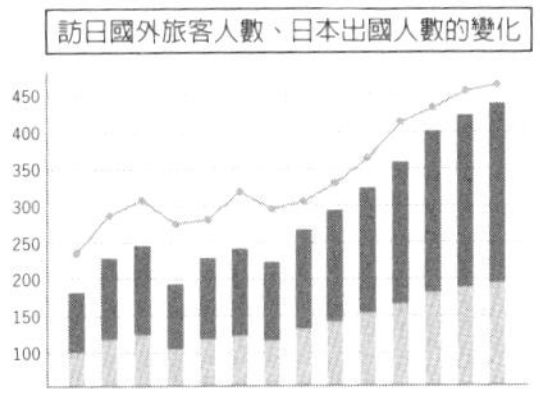

以 15 兆日圓為目標的入境旅遊市場

政府揭示
「推進『觀光立國』的基本計畫」
目標

★只不過，訪日外國人的住宿，
有六成以上集中在前五大都道府縣★

○○○○○○○○○○○○○○○○○○○○○○○○○○○○
○○○○○○○○○○○○○○○○○○○○○○○○○○○○
○○○○○○○○○○○○○○○○○○○○○○○○○○○○
○○○○○○○○○○○○○○○○○○○○○○○○○○○○
○○○○○○○○○○○○○○○○○○○○○○○○○○○○
○○○○○○○○○○○○○○○○○○○○○○

○○○○○○○○○○○○○○○○○○○○
○○○○○○○○○○○○○○○○○○○○
○○○○○○○○○○○○○○○○○○○○
○○○○○○○○○○○○○○○○○○○○
○○○○○○○○○○○○

過去的主要目標數據與現狀

項目	30 年目標	20 年目標
旅客人數	5000 萬人	2500 萬人
旅行消費金額	15 兆日圓	100 億日圓

山田先生在內心擺出勝利手勢。

想必，讀者們也有很多人認為這是個「好的草案」吧？

然而，當山田先生在董事會上做完簡報，公司高層紛紛抱著胳膊，陷入沉思。

董事A：「你說要做網路行銷，是要行銷什麼呢？」

山田：「咦，這個嘛……像是飯店內的設備和服務等。」

董事B：「那些有必要拍成影片嗎？上飯店的官網看不就有了。」

山田：「啊，嗯，說的也是……」

董事C：「話說回來，我們飯店這一帶有什麼足以吸引外國觀光客的旅遊題材嗎？外國人不會特別跑來，只為了在我們飯店住一晚吧？這一帶有什麼外國人會喜歡的觀光名勝或活動嗎？」

山田：「呃，這個嘛……（向課長投以求助的眼神）」

課長：「這個企畫確實有點不夠周全呢。」（迴避山田先生的視線）

山田：「說的也是……」

於是，山田先生在董事會上遭受猛烈的砲火攻擊。

最後他只能狼狽不已的嚥下「這個企畫不行，再想別的方案」的苦果。不僅如此，課長還不留情面的說：「進公司都已經五年，還搞成這樣。既然董事們都這麼說，你就拿回去重做吧。」這件事讓山田先生甚至對「人」開始失去信任。

原本討論得很熱烈的構想，被主管的主管否定，甚至連一起思考這個構想的主管都翻臉不認人……雖然很慘，但實際在職場上經常出現這種狀況，不是嗎？為什麼會出現這種狀況呢？通常會提到的原因不外乎「構想本身太差」、「簡報的方法不對」、「主管的能力有問題」。

然而，我不認為這些是真正的原因。真正的原因只有一個，那就是「製作草案的方法不對」。就算看再多催生靈感或鑽研簡報方法的書籍，甚至是換工作，與新的主管共事，很可能也會不斷出現相同的狀況。

如果是橫空出世的天才當然另當別論。但是，**獨自想出來的構想能夠直接過關，反而比較不可思議**；如果能得到好結果，又更加神奇。

人一旦想到什麼構想，很容易被那個構想牽著鼻子走。即使一開始像山田先生那樣認為自己的想法很完美，但冷靜想想，經常會發現其中充滿漏洞。因而，及早加入別人的觀點或意見，讓自己的構想持續演化，會比較好。「好的草案」正可以幫助我們達成這一點。

話說回來，用ＰＰＴ仔細製作簡報的階段，已經不是「草案」，而是想做出「成品」。但草案並非「不完美的成品」。只是「草案」與「成品」的作用截然不同。

有句話說「人的外表占九成」，其實，「資料也是外觀占九成」。設計得很精美的話，會讓人覺得連構想都很優秀。然而，這裡有個很危險的陷阱。即使企畫順利過關，後面也可能會被一口氣推翻：「還是不行，完全不行！」

如果主管要你製作草案，請務必意識到上述的危險訊號，不要追求「任誰都挑不出毛病的完美無缺」，反而要告訴自己，**「裡頭肯定有不盡完美的構想」（說不定有一天會被原封不動的打回票）**。

毫無靈感時，蒐集靈感的簡單方法

以山田先生的草案為例。如果是我，可能會這麼做：

田中（我）：「課長，針對剛才的改革方案，我試著做一個用來討論的草案。」

課長：「❶好快啊。沒想到你今天就做出來……咦？❷這是手寫的草稿吧？」

田中：「是的，這只是姑且用來討論的草案。我想先跟課長討論一下。」

課長：「哦，原來如此。你不會直接在董事會上交這個出去吧？」

田中：「當然不會。我會另外製作董事會用的簡報資料，只是想在整理資料前先釐清方向。」

課長：「那就好。我瞧瞧，迷你廟會？這是什麼意思？」

田中：「我們飯店過去都仰賴首都圈的人來光顧。接下來如果不轉型成當地或附近居民也願意光顧的飯店，營業額將無法成長。我在思考該怎麼做才好時，認為還是應該增加與顧客的連結。於是我想到，如果每週都舉行小型的活動，或許能增加與顧客的連結，也能增加回頭客。不過，這個構想真的只是靈機一動，從❸『除了住宿以外，與當地的顧客還有沒有什麼連結？為此可以做些什麼？』的角度來思考，或許還有更好的想法也說不定。❺但我不是這麼有創意的人，所以想請教課長的意見。」

課長：「原來如此。可以使用庭園或屋頂，還有大廳。請人來擺攤……嗯，倒也不用特地請人來擺攤，直接讓我們餐廳出來辦外燴不就好了？這麼一來，還能提升餐廳的收益。」

田中：「喔！真是個好主意。❹除此之外，我們飯店或相關客戶，還有什麼可以加以利用的地方嗎？」

課長：「幸好營業企畫課已經很習慣辦活動，你可以去問問看。所以呢，廟會本身有什麼內容，你想好了嗎？」

田中：「不瞞您說，我還沒想到那麼遠……如果是夏日廟會或女兒節廟會，好像太普通。」

課長：「對了，我老家是務農的，東北人稱三月十六日為『十六糯

田中的草案

○○飯店改革方案

●為了擴大營業額要做的事
- 過去：以來自首都圈的客人為主
- 未來：吸引當地或附近居民前來光顧

●活動方案

「＿＿＿＿＿＿＿＿＿＿迷你廟會」
- 目的：增加與客人的連結
- 舉行頻率：每週
  → 增加回頭客
- 舉行地點：庭園、屋頂、大廳
- 攤商：拜託＿＿＿＿＿＿＿＿＿＿
- 活動內容：＿＿＿＿＿＿＿＿＿＿

米糰之日』，會舉行供奉十六個糯米糰給農耕之神的儀式。以這種各地特殊的儀式當成迷你廟會的主題，你覺得如何？還可以跟商店街的日式糕餅店合作，請它們製作十六糯米糰。」

田中：「喔！真是個好主意！董事們也都有各自的人脈，不妨在經營會議上請教他們的意見。」

課長：「嗯，這個構想好像真的很有趣。就朝這個方向重新研擬一份草案。」

以上對話有五個重點：**❶速度**、**❷簡單**、**❸刺激**、**❹提問**、**❺留白**。

在下一章會各自有更詳細的說明。

看完本章的兩個例子，各位讀者有沒有發現？在一開始山田先生的例子裡，只有「提出草案→判斷好不好→結束」的過程；但是在田中與課長的對話裡，卻是以草案為基礎，與主管集思廣益，產生新的構想。不僅如此，還打算在經營會議上徵詢其他人的意見，讓重點變得更明確。

這是利用「好的草案」來推進工作的效果。不是只有自己靈機一動的構想，周圍的人也能幫忙對那個構想精益求精。如此一來，每天的會議、討論都會變得更加充實。

至今，透過草案我已經得過無數次這樣的體驗。

如果能獨力思考完美的企畫，提出之後虜獲所有人的心，讓所有人都能心悅誠服，確實非常迷人。但是要達到那境界，可能要經歷幾十次、幾百次提案被駁回的經驗。如果心理素質夠堅強，即使這樣也不氣餒，當然沒問題，但如果在那之前就先一蹶不振，豈不是賠了夫人又折兵？而且年紀愈輕的人愈可能覺得那是一條鋪滿荊棘的道路。

因此，我認為不要一個人悶著頭努力，**而是要和大家一起努力**。

公司或團隊就是為此而存在。

工作的真正樂趣其實是來自於與周圍的人同心協力。如果有好的草案，就能實現工作真正的樂趣。

草案是所有工作的起點

在業界通常視草案為「預覽頁面」、「試作品」、「草稿」等，但我要介紹給大家的是「為了向對方借智慧的草案」。

我不管做什麼都會先研擬草案。例如以下情況：

- 在公司開會時。
- 整理自家公司官網上要公布的報告時。
- 客戶委託工作，我要歸納內容時。

- 向客戶提出調查的報告等成果作品之前。
- 參加客戶端的會議，推進專案時。
- 製作公司簡介時。

尤其是開會討論企畫案的場合，不可能空手去參加。如果沒有草案，就無法展開具體的對話，很容易東拉西扯、各說各話。

草案是指著起點，告訴大家「就從這裡開始」的指標。

有時要從那裡筆直前進，有時會走進岔路，有時甚至會回到原點。

以我為例，最興奮期待的，莫過於往意料之外的方向前進的時刻。因為，或許又能看到不曾見過的新景色。

先稍微做個樣子即可

請容我再重複一遍，草案並非「成品的不完美版」，而是在各種不同的工作現場借用他人智慧的工具。

一般而言，草案除了資料及書籍、廣告文案等以文書為主的工作外，網站、系統、硬體等科技業、各領域的企畫開發及業務單位等，許多工作都用得到。

舉例來說，如果是用來製作網站的草案，不必做成展示網頁也沒關係；如果寫文章，即使手寫的粗略概念也是很好的「草案」。如果是音樂，可以用哼唱的方式錄成Demo；如果是動畫，不會劈頭就開始作畫，而是在寫劇本前先就分鏡來討論。

製作成品前，先稍微做個樣子來看的東西，全都可以稱為「草案」。

除此之外，護理師或醫生等專業人員、服務業、旅館業或餐飲業等職業，現場乍看之下或許不需要草案，但是如果有人提出「想為醫院導入最新的機械」、「想讓各門市間順暢且及時的交流」等要求或改善方案的機會，草案肯定也會很有幫助。

即使不同工作對草案的需要程度不同，草案也一定能派上用場。

將草案化為最強悍的溝通工具

職場上，有很多不喜歡製作草案的人。

通常會被要求製作草案，**是希望得到新想法的時候**。因此每次交出草案，往往會先遭到主管或同事一頓「這裡不對」、「那裡很奇怪」的批評，這絕對不是什麼開心的時刻。正因如此，也有企業形成「最一開始製作草案的人很偉大」的文化。

另一方面，我最喜歡製作草案。因為我可以藉由製作草案，**讓自己持續處於討論的核心**。還有，草案本來就是給人批評的，我會用平常心來看待「草案」，草案的意義就是透過諸如此類的溝通方式，讓構想益發完善。草案之所以稱為「草案」，因為就跟「雜草」一樣。

倘若自己在最初草案裡提出的方案被採用，當然再好不過。但如果有人根據自己的草案提出別的構想，最後獲得採用，我也會很高興。我會告訴自己，是因為先有自己的草案，才能激發出那些想法。

開上幾十個小時的會，卻遲遲討論不出結果，可以說是日本企業的常態。

像這種時候，如果伸出「我試著整理截至目前的討論，要不要根據這個新的草案來討論？」的橄欖枝，會產生各式各樣的反應。

就算被否定「這不是我們要的結論吧」，也可以繼續追問「請問是哪裡考慮得不夠周全呢？」或「請問該以什麼為目的呢？」推動大家往目標前進。

由此可知，利用好的草案，**蒐集大家的意見，讓構想變得更廣泛或更深入，就能隨心所欲的掌控工作進度**。

另外，提出草案也能讓大家了解自己的想法。即使這次沒有被採用，或許下次還會有「這麼說來，上次田中提出來的構想，或許能應用在那個案件」的機會。所以，製作草案絕對不會白費。

因此，不是只有主管要求「請製作這份資料的草案」的時候，我認為主動製作草案也不錯。提出構想時，比起只用口頭說明，**製作草案給對方的感覺會截然不同**。

雖然不確定主管願不願意接受自己提出的草案，至少也要讓主管感受到自己在態度上具有「克服難題」的意識。

換句話說，能用草案來行銷自己。

常見的五項誤解 對草案

這麼方便又有趣的「草案」，為何不太受到重視呢？

有的行業、公司將製作好的草案視為理所當然，但我認為那種行業、公司只是少數。沒有製作草案的習慣，或是就算有這個習慣也只會做出一些糟糕草案，這樣的行業、公司才壓倒性的占多數。

我認為，這是因為一般的行業、公司對草案有幾個誤解：

誤解① 點子夠好，就不需要草案？

想到好主意並且為此沾沾自喜，乃是人之常情。然而，很容易因此喪失客觀的角度，深信自己的點子是劃時代的構想。

舉例來說，有人看到利用 ChatGPT（人工智慧生成文章的服務）產生出來的文案，在社群網站上發表「這麼一來就不需要文案寫手了！」的文章，我認為這就是很典型的誤解。

冷靜想想，各種在初期靈光乍現的構想，通常會覺得不是哪裡怪怪的，就是哪裡有漏洞。相信各位曾經有晚上想到的構想，到了第二天早上客觀審視後，發現完全行不通的經驗吧？本章的山田先生對自己的構想也很有自信，但董事們的評價卻不怎麼樣。

構想只在自己腦中是沒有價值的。唯有告訴別人後才會產生化學反應，進而產生價值。也就是說，構想好不好，取決於別人的反應。

誤解② 如果不能做得接近成品，草案就沒有意義？

會這麼想的人，或許是完美主義使然；又或者是以前製作過草案，向主管報告，卻得到「根本還沒完成的東西不要拿來啦，這樣我無法判斷」的回饋，因而有過苦澀的經驗。

我想大聲的告訴這些人：

- 如果完成度不夠高，即使提交也沒有意義。
- 為了提高完成度，應該利用「草案」先把大家拖下水，集思廣益。
- 這裡使用的「草案」，即使形式、密度與成品截然不同也沒關係。

如果沒有人評判草案內容，就毫無意義。

究竟做成工整、易讀、完美的資料，是為了什麼？即使本人自認做得很完美的企畫書，如果遭到一口否決說「這份企畫書根本沒有內容」，一切枉然。在沒有內容的情況下，製作只有外觀精美的資料，根本是本末倒置。也就是說，在製作草案的階段時聚焦於內容，坦誠的提出不懂的地方、有問題的地方，乍看之下充滿漏洞的草案，反而能提高最後的完成度。

就算主管要求「完成後再拿來」，建議各位也要（鼓起勇氣）當成耳邊風，先讓主管直接看草案，徵詢他們的意見：「可以跟您確認一下嗎？」

不必凡事迎合主管。千萬別忘記要有將自己認為真正重要的事貫徹到底的勇氣。你可以煞有其事的說：「不好意思，不先做出個樣子來看，就看不清全貌。」**懇請主管確認自己製作的草案**。

誤解③ 製作跟成品不一樣的草案，只是浪費時間？

有這種誤解的人，我想問一個問題：「萬一在成品階段才需要大幅度修正，可能要整個砍掉重練，這樣也沒關係嗎？」

愈是討厭做兩遍工的人，反而因為愈想一步到位，在那之前不斷的檢討內容，給人經常砍掉重練的印象（做到一半發現問題，回到上一步重新來過）。**砍掉重練的次數當然是愈少愈好**。

從製作草案的階段就以成品為目標，盡可能做得盡善盡美，再請主管過目，確實會讓人認為，一次搞定比較有效率。但那只不過是「短期內從自己的角度」出發，沒有考慮到「對方怎麼看」，以及「從成品倒推回來的長期觀點」。

如果以修正已經完成（自己感到滿意）的草案為前提，重新審視流程，發現修正範圍更大，反而要花更多的時間和精神。所以說，已經做了三十張簡報資料之後全部重做，還是在手寫草案的階段調整內容，然後才開始製作成品，何者比較輕鬆呢？

誤解④ 製作草案很麻煩

會有誤解，可能是自以為做出的草案必須與成品具有相同水準。**其實草案只要簡單的手寫一寫就好**，作業時間可能不必一個小時。

第二章將為各位介紹如何簡單製作草案的概念和方法。

誤解⑤ 草案是新人在做的東西

所有對於草案的誤解中，會對工作表現造成最大妨礙的莫過於此。

為了有良好的工作表現，才應該從做出好的草案、促進團隊合作開始。

新人不見得是製作草案的最適合人選。

為了強力推動工作，反而必須由中堅幹部或資深員工來製作草案。

在我服務的顧問公司裡，製作草案絕非只是新人的工作。即使是在這個行業有幾十年資歷的資深顧問，也會主動利用草案來工作。尤其是檢討超大型企業的經營方針之類的重要案件，反而是老鳥會積極跳出來說要製作草案。

光是看資深顧問製作的草案，對當時的我就是很有益處的學習，**經常會有想做的事「原來可以這樣進行」的體悟**。

有時候上司太忙，無暇指導部下。只要趁年輕的時候反覆「自己製作草案→提交」的作業，自然而然就能學會怎麼工作。愈早開始製作草案，也能快點學會工作方法。

「好草案」帶來的工作優勢

什麼是「好的草案」呢？

好的草案具有以下幾個好處：

- 能讓大家熱烈的討論。
- 能引出大家的構想。
- 能讓大家的意見和想法變得更明確。
- 能讓構想開枝散葉。

◎ 減少在成品階段砍掉重練的篇幅（把可能要重做的部分降到最低）。

「能做出好的草案的人」不等於「能提出好構想的人」。就算自己沒有源源不絕的創意，對自己的想像力沒有自信，也能製作出好的草案。

我認為，製作草案時重要的不是想像力，而是「理解力」。

打個比方，倘若不了解企畫的目的或對方的需求、各種資料的本質、自己有什麼不了解或沒注意到的地方，草案就會偏離軸心。一旦偏離軸心，討論將會鬼打牆，這麼一來就變成「不好的草案」。

然而，除非懂讀心術，否則不可能百分之百的理解對方在想什麼。即使已經說得很清楚，但是想法可能隨時隨地都在改變，要完全捕捉瞬息萬變的想法是很困難的事。「部長說的話跟上週不一樣……」這種狀況時有所聞。如果不利用草案引出對方的反應，很容易流於「主管總是這麼說，所以他應該是這麼想」的推測或忖度。

這時，為了引出對方明確、清楚的想法，草案是一項很有效的工具。只要適度使用草案，**就能直接捕捉到對方的反應，了解對方那一瞬間在想什麼**。

另外，提出草案，大家可能會給出「這有點難以理解」、「感覺再具體一點比較好」諸如此類抽象的意見。聽取這些抽象的意見，往大家想像中的方向靠近，也是讓草案演化為成品的過程。

有時候可能要做好幾次草案。但經過這個過程，該鎖定的目標才會具體成形。

如果是能源源不絕的想出好主意的天才，無論製作什麼樣的草案，周圍的人大概都會接受，所以或許不必為製作草案煩惱。可是當我們難以被其他人理解時，或是遇到別的天才時，使用草案來溝通應該很有效。

總是想不到好點子的人，可以多看關於創造力的書籍或參加課程。然而，**學會如何利用草案來蒐集有建設性的構想**，才能真正理解創造好點子的方法。

對凡人而言，草案或許是能讓自己更接近天才的工具。

不同行業如何分別運用草案提升效率

無論哪一行，都不可能突然做出成品，在那之前基本上都要先試作來驗證構想是否可行。

京都有一家名叫 CrossEffect 的公司，是以 3D 列印製作樣品，從像遙控器那麼小的產品到洗衣機等大型產品都能試作。

以製作電視遙控器為例，萬一做出成品後才發現「做成這樣有點不好拿」、「按鍵不太好按」等需要改善的地方，屆時要重做，將耗費很大的成本。只要先用 3D 列印做幾個樣品（試作模型），就很容易讓「這樣的大小剛剛好」、「這種按鈕很好按」的概念具體成形，**能以最快的速度接近成品，也能馬上改善缺點，避免在拿到成品後才重新來過**。

另外，CrossEffect 網站的應用程式也有以被糾錯為前提製作的「測試版本」，分成 α 版和 β 版。α 版是並未對外公開，只對內部人員公開，由自己人來確認動作的版本；β 版則是對外公開，但尚未正式推出，因此通常是以免費試用版的方式提供給消費者。請實際試用的消費者提供「這個不好用」、「要是有這種功能就好了」的感想，以改善功能。

藉由讓大家糾錯來打磨產品，其實是非常有效率的做法。

想當然耳，也有人會說「不需要 α 版或 β 版吧，直接推出成品不就好了？」

但與其貿然推出成品，完全得不到使用者的青睞，承擔甫上市就下市的風險，在測試版本的階段發現「這個軟體根本賣不出去」，乾脆的退出市場，反而能將損失降到最低。

就像大家都知道的ＩＧ，起初的樣貌也跟現在完全不一樣。

ＩＧ的創辦人凱文・斯特羅姆研發出一款用來定位的應用程式「Burbn」。Burbn是把自己所處的位置附上照片，讓朋友知道「我現在在這家咖啡館」的應用程式。

後來斯特羅姆雖然籌措到五十萬美元的資金，但Burbn卻只有幾位重度使用者，其他使用者都很快就離開。斯特羅姆不得不開始分析Burbn的問題出在哪裡，才發現到一件事：Burbn的使用者會分享照片。

斯特羅姆注意到，「使用者其實不想分享自己的定位，只想分享照片」，他為拍照功能加上定位資料，開發出分享照片的應用程式。這便是ＩＧ的誕生故事。由此可知，在網路的世界裡，最後變得跟起初的構想截然不同，是很司空見慣的事。Burbn可以說是ＩＧ的草案。

綜上所述，如果是網站或硬體產品、應用程式，做出草案、試作品或測試版本，將有助於開發者更深入了解。

另一方面，企畫或構想等不容易具體成形的東西，草案的輪廓會突然變得模糊，但只要將草案定位成「以變得更好為前提來出發」，其所扮演的角色應該就會自己浮現出來。

「最初的構想」並非絕對不可推翻。了解使用者的反應後，從那個階段開始改善的「彈性」很重要。在大家一起討論的過程中，很多時候最早提出來的構想最後會變成完全不一樣的構想。無論如何，正因為有最初的草案，才能讓大家都看到你的構想。

具有社交障礙，更要以草案為武器

各位對管理顧問有什麼印象呢？事實上，有社交障礙的管理顧問不在少數。

比起對餐廳或診所等特定行業提供管理支援的顧問，專門從事企業重建的顧問多半給人溝通能力優於常人的感覺。但是商業戰略型的顧問其實有很多個性陰沉的人。

有很多顧問曾經是醫生或擁有博士學位的優秀人才。說得好聽一點，是具有「技術宅」的氣質。剛進公司的時候完全不看別人的眼睛，也不管別人的反應，只是自顧自滔滔不絕的大有人在。因為經常直接跳過前提、切入正題，往往讓周圍的人一頭霧水：「你到底在講什麼？」

這些不擅長溝通的顧問菜鳥一旦開始工作，會自己製作草案，利用這些草案與團隊、客戶一起討論，然後在透過草案反覆溝通的過程中，逐漸理解對方有什麼需求。

草案被批評，也不是你受傷

任何人都不喜歡「被糾正」。不喜歡自己的性格或言行舉止被說三道四，也不喜歡自己的工作或製作的資料，不留情面的被批評指教。這些絕對不是令人愉快的體驗。

但就算受到批評指教，也是草案被糾正，不是自己有什麼過錯。我認為，就事論事是比較不容易受傷的祕訣。

即便如此，世上有人就是喜歡說些充滿惡意的話，藉由批評別人來讓自己顯得稱頭，得以擴張自己的地盤。但我認為被那種人的意見打擊士氣，不再提出草案，反而太可惜。

從零到一的人

製作草案的人，**等於是從什麼都沒有的狀態下開始討論、「從零到一」的人**。從一繼續討論，變成十、變成一百……所以第一個製造出討論契機的人非常值得尊敬。另一方面，只會挑毛病的人、不管三七二十一只顧著批評的人，則什麼也創造不出來。

芬蘭作曲家、音樂家尚．西貝流士留下一句名言：「不可以聽評論家胡說八道。因為有史以來根本沒有人為評論家立銅像。」希望各位製作草案給別人看時，也把這句話記在心裡。

此外，有時候我們也需要給別人的草案提意見。要對別人的草案提意見容易得多，那只是建立在別人的意見之上，稱不上是具有創造力的行為。

因此，就算有人對你的草案雞蛋裡挑骨頭，就由他們去說。我們只要感恩戴德的接收別人提供的構想就好。

回到前面的話題。我建議不擅長與人溝通，也就是有「社交障礙」的人更需要徹底的利用草案。

有社交障礙的人通常不敢在會議上積極發言。與主管一對一討論時，也可能會因為緊張而無法暢所欲言。

這時與其勉勵自己「好好說話」，不如讓草案代替自己說話。

在製作草案的過程中，文字會在自己的腦海中組織起來。**只要使用**

組織化、具體化的語言，即使無法舌燦蓮花，也能讓對方明白你想表達什麼。只要能把草案交給主管，「我先做這樣的草案，請過目」就可以。即使自己無法詳細說明，草案也會幫忙轉達。

等到主管問：「這份草案背後有什麼用意？」你再說明即可。事先設想主管可能會問的問題，準備好答案，就算只有三言兩語，也能充分表達草案的用意。

不用準備到一百句話，只用一張草案和兩、三句話，也能順利的表達。只要有草案，**就能大幅減輕溝通對於精神上造成的負擔**。

說穿了，草案就像用腹語術操縱的木偶。

只要想通，發言和受到攻擊的都是木偶，不是自己，心情是不是就能輕鬆一點。不過，如果有人對你操縱木偶的技術給予良好的反應，那是你的功勞。只要吸收正面回饋就好。

如此一來，比起迎合對方，思考如何溝通，還為此煞費苦心，直接讓草案說話確實更能提升工作的產值。因此我認為，愈是有社交障礙的人，愈應該以草案為武器。

愈害怕失敗，愈需要「草案革命」

我的想法其實是想發起「草案革命」，用草案改變世界。**利用草案革命來摧毀害怕失敗、認為「不可以犯錯」的世界**。不願接受錯誤的社會非常狹隘、得理不饒人。我想改變這樣的世界。

年輕人要經歷失敗和犯錯，才會成長，**大人卻往往不願意接受錯誤**。導致年輕人害怕失敗，不敢冒險，感覺這個世界讓他們處處碰壁。

另一方面，在某個時間點認為是對的事，隨著時間過去才發現是錯的，這種情況也屢見不鮮。如果不加以修正、改善，這個世界就無法變得更好。明知是錯的也不改善、對於「停止思考」沒有任何的懷疑，這樣的風潮才需要糾正。遺憾的是，我認為日本正普遍處於這種狀態。

我想利用草案培養願意接受錯誤和不怕犯錯的精神。

新人時代的洗禮

我也曾經年輕過。大學一畢業，就進入顧問公司上班，而且立刻接受主管嚴格的鍛鍊。

主管一開始給我的工作，是撰寫訪問專家的訪談紀錄和會議紀錄。舉例來說，我們會花兩個小時向美國的醫生請教特定的疾病。我的工作是整理聽到的內容；但是，被主管退回來的訪談紀錄，幾乎被紅筆改到已經看不出原本的內容是什麼。

一般人聽到會議紀錄，可能會以為只要整理會議內容就好，但顧問公司要求的會議紀錄，是要以「適當的架構」針對客戶「需要的資料」做出「簡單明瞭的紀錄」。

「針對○○的症狀，以使用A療法最常見，但那家醫院每年以A療法為方針的患者只有△人左右」，如果只是像這樣把聽到的訊息列出來，肯定會被主管打回票：「你在寫什麼？你想表達什麼？」

「客戶想知道，他們想推出的新藥有多大的機會可以在日本推出。既然如此，先扯到美國患者的數據到底在想什麼。應該寫成『美國的疾病是……，另一方面，與日本的差異是……。因此我們的主張是──的可能性很大』才對吧。」

「咦？既然如此，為什麼不一開始就告訴我……」雖然我很想抱怨，但這個世界可沒有這麼好混。看著被紅筆改得滿江紅的訪談紀錄，即使飽受挫折，我還是一改再改，改到主管滿意為止。

如此這般，經過三個月，我總算知道要寫什麼。

顧問公司對新進員工如此嚴格有兩個原因。

一是要盡快摧毀新進員工不必要的自尊心。顧問公司雇用的員工多半是高學歷的人，幾乎所有人都在學生時代受盡吹捧，被稱讚：「好聰明！」、「很優秀！」因此剛進公司時，也信心十足的認為「我一定能馬上進入狀況」，**但這股自信反而會妨礙他們在工作上的學習**。自尊心一開始就被摧毀殆盡，這樣的經驗可以學會謙虛，獲得成長的速度。

另一個原因是為了讓新進員工趁早經歷失敗。

顧問公司以「人非聖賢，孰能無過」為前提，不會因為一個人「經常犯錯」，就認為那個人「工作能力不行」。**反而大家的共識是，勇於挑戰的人愈可能犯錯或失敗**。為了培養新人不怕犯錯、想做得更好的精神，不得不讓新人早點經歷失敗。

然而，時下年輕人又是怎麼想的呢？

想必你經常聽到「最近的年輕人很害怕失敗」這種話，因此很多公司會教新進員工如何避免失敗。然而，我很擔心這麼做只會揠苗助長。

無論再怎麼小心，也不可能完全不犯錯、不出狀況。

我認為，與其太害怕失敗，將年輕人丟進與犯錯、出狀況無緣的溫室裡，還不如**趁早培養他們對失敗的免疫力，才是為他們著想**。一開始就不斷失敗的人，反而可以學到很多東西，成長速度也很快。不僅如此，**還能預先設想「萬一失敗怎麼辦」**，順便培養自我修復的能力。

以前有一本《鬆懈的職場：年輕人不為人知的不安理由》（ゆるい職場：若者の不安の知られざる理由，古屋星斗著）的書，在職場上蔚為話題。書中寫到，許多年輕人隱隱約約感到不安，「希望受到更嚴格

的鍛鍊」、「從小到大沒被罵過。父母認為反正對現在的年輕人再嚴厲也沒用，像是把我當成親戚的小孩來對待」。

大人認為，現在的年輕人很容易一蹶不振，所以想出不會失敗的教育方式；即使失敗，也不敢對他們發脾氣，結果當事人反而認為，這樣下去根本沒辦法成長。

既然如此，或許現在正是用草案來改變職場的好機會。

「進托邦」的精神

《連線》（*WIRED*）雜誌創刊總編輯凱文．凱利提出「進托邦」（protobia）的概念。

進托邦是由「progress」（進步）和「topia」（場所）組成的單字，意味著就算只有一點點也好，「今天也要比昨天更好」的狀態。它並非幻想中的烏托邦（桃花源），也不是被恐懼支配的反烏托邦（暗黑世界）。凱文・凱利認為，進托邦才是人類追求的目標。我深有同感。

烏托邦並不存在。

但是，透過草案，我們可以靠自己的雙手，建立接受彼此的錯誤，加以改善、變得更好的社會。我們不要「失敗等於世界末日」的社會，而是利用草案建立願意肯定彼此、一起前進的社會。

這個目標說得很遠大。不過，為了讓工作變得更有趣，我想先為各位解釋真正的「草案」應該怎麼做。

從下一章開始，將為各位介紹製作草案的方法。

第 2 章

掌握五要點，讓草案從無到有

任何草案都適用的基本原則

①**速度：**「不管三七二十一」也無妨，總之先動手再說。

②**簡單：**一定要簡單明瞭！

③**刺激：**引出大家的反應。

④**提問：**為了理解企畫的意圖或問題所在，提出一針見血的問題。

⑤**留白：**不要塞得太滿，讓對方有機會說話。

這本書提出的方法，並非適用所有企畫「無懈可擊」的草案格式。舉例來說，簡報資料與新聞稿在目的和格式上、相關人員、討論的形式都明顯不同，不可能用一個格式就能呈現所有草案，這麼做也不恰當。主張「草案的格式只有這個」，聽起來或許很簡單，但這麼說既不正確、也不誠實。所以請容我以「能運用於各種狀況、場面的草案構成要點」來介紹。

不管主管是要求製作「交給客戶的公司簡介草案」還是「明天開會要用的企畫書草案」，只要了解五大要點，就能立刻著手製作草案。不論主管要的成品是ＰＰＴ還是Excel，即使是影音作品或網頁製作的第一線人員，都能善用這五大要點。

製作草案時，各位是否有以下三個煩惱呢？

◎呈現方式：不知道該設計成什麼樣子才好。
◎架構：不知道該以什麼順序、加入什麼內容才好。
◎內容：不知道提出什麼樣的構想才能過關。

我認為，不需要在製作草案的階段就找出這三題的正確答案。如果是年紀尚輕或工作經驗尚淺的人，更沒有這個必要。不知道就不知道，大可參考別人的草案，或是先請教別人的意見，再著手製作草案。

千萬不要浪費時間自尋煩惱，請先掌握五大要點後再製作草案。不妨現在就拿起紙筆開始書寫。無論最後要做成ＰＰＴ還是Excel，起初都可以從紙上開始。如果能把寫上五大要點的便條紙放在手邊會更好。

順帶一提，雖然也可以使用電腦或手機製作草案，但我還是建議使用紙、鉛筆和橡皮擦。因為這樣可以用最快的速度自由揮灑，還能馬上修改。

以下情境是我（田中），對於不知道該怎麼製作草案的晚輩給予的建議。第一位是剛進市場調查公司工作半年的鈴木。鈴木很有幹勁，卻沒把幹勁用對地方。

鈴木（在市場調查公司上班，進公司半年）：「田中前輩，前陣子我們針對三十多歲夫妻的雙薪家庭，調查過有什麼新型態的生活方式。課長要我寫新聞稿之前，先製作一份草案。但是，我不太確定應該怎麼做。當我把所有的調查結果加總起來，做成圖表，再把所有的意見都放進去之後，居然有五十多頁。」

田中：「那已經不是草案吧？」

鈴木：「課長看了也氣壞……他說草案要濃縮成三張稿紙，所以我極盡所能的把字體縮小，但還是塞不下。可以請你看一下嗎？」

田中：「救命！字也太小了吧！！字這麼小，沒有用顯微鏡根本看不到。」

鈴木：「前輩也這麼覺得嗎？那只好把紙張放大。」

田中：「你是認真的嗎？要把這些內容放進三張紙裡，每張紙不得有榻榻米那麼大才行？」

鈴木：「我花一星期才完成這個草案！」

田中：「一星期！那真是辛苦你了。讓我告訴你更簡單的方法。但是，必須先從究竟什麼是草案開始說起。」

要點一「速度」：先動手再說

田中：「只要記住『基本五大要點』，任何人都能馬上做出草案喔。」

鈴木：「五大要點？」

田中：「首先是速度。」

鈴木：「這已經是我最快的速度了……難道要我在三分鐘內做出來嗎？」

田中：「不是，也不可能，又不是在泡麵。你說你花一星期做出這份資料，但如果是草案，最好能以一天到兩天的速度完成。如果是寫新聞稿的草案，習慣以後，可能不用一個小時就能完成。」

鈴木：「什麼？這麼快！」

田中：「只要用『現有的格式』來做就行。你手邊應該有新聞稿的格式吧？照著做就行。」

鈴木：「『照著做』是什麼意思？」

田中：「每家企業的新聞稿基本上都是大同小異的架構。前面是標題，然後是開篇的句子，再來是概要。只要模仿這個架構來製作草案，就可以了。」

速度① 當天就開始動手

製作草案時，速度比什麼都重要。

假設主管要你製作草案，你詢問主管什麼時候要交，主管很隨興的回答：「下星期之前。」、「只要能在這一、兩天完成就行。」

要是你回答：「了解，包在我身上！」卻無法在期限內完成的話，等於是最糟糕、三流的做事方法。

其次，在主管交辦的階段就要問對方：「請問草案濃縮成三張可以嗎？」、「請問就手邊現有的資料來做就行嗎？」

一流的員工會在主管交辦當天就爭取到與主管討論的時間，向對方報告：「我打算製作成這樣的草案。」討論時如果能帶上簡單的草案，主管一定會對你另眼相看，「哦，很有幹勁嘛！」

光在腦海裡煩惱好幾天，根本無濟於事。速度感很重要，從主管交辦的那天起就要開始製作草案。以「可能需要重做」為前提，盡快完成第一份草案，就算不完美也無所謂。**甚至不完美更好，才有打磨到盡善盡美的空間**。總之，不要想一口氣拿下滿分。根據主管或同事的建議，花一小時或一天完成，一週就有重做七次的空間。

如果因為忙碌或能力的問題，無法向主管或同事尋求建議，也可以借助ＡＩ的力量。像是一般人也能輕鬆駕馭的ＡＩ服務系統ChatGPT，製作草案時也能利用它，把ＡＩ當成老師，請ＡＩ提供各式各樣的建議。例如：

- 「你是一個專業的公關，正在思考以新聞稿的格式發表某項市場調查的結果，請問你認為應該列入哪些項目呢？」

◎「你是一個專業的市調專員。針對三十多歲夫妻的雙薪家庭，你調查過有什麼新的生活型態，請問以什麼主軸來表現他們的生活型態是比較有效的分析方式呢？請提出十個構想。」

像這樣詢問ＡＩ，把ＡＩ提供的結果視為「草案的草案」來思考，也很不錯（比起這裡我所舉的例子，請務必想一些更有建設性的問題）。

草案不是一天就能完成的東西。必須反覆檢討、調整、檢討、調整。唯有及早開始動手，不斷的檢討、調整，才能愈發完善。一旦開始動手，**不妨有意識的尋求他人的意見**。

速度② 模仿現有的格式

為了追求速度，草案大綱要使用「現有的東西」，不必從頭開始思考格式，大可善用前人的智慧。先善用現有的東西，確保八十分；再配合需求客製化，以一百分為目標。

最常發生的情況，是聽到有人說「將草案製作成簡報要用的資料」，刻意使用ＰＰＴ，而且對細節過於講究，像是「在背景加入照片吧」、「字體放大一點吧」、「中間加入圓餅圖吧」。與其把時間花在這裡，不如手寫也沒關係，總之先交出草案，引出對方「這次希望能多放入一點數據」之類的反應，還比較重要。

「現有的東西」，意思就如我告訴鈴木先生的，拿公司現有的格式來用就行。**草案的重點不在形式或外表，而是內容**。

製作草案的技巧在於善用「模仿」、「有樣學樣」，節省製作資料的時間。我在顧問公司也是先從模仿前輩的格式開始。格式沒有專利也沒有著作權，所以大可盡量模仿。另外，**手邊有愈多種格式，無論面對**

什麼樣的案件都能因應，也能有更好的工作表現。

倘若主管交辦的任務是製作公司簡介的草案，請先選出十家其他公司的公司簡介來參考。接著，請對方選擇哪個比較接近想要的概念。這也是利用「現有的東西」來引出對方的反應，有助於製作草案。

若能透過上述交流，確認「以圖片及照片為主，製作十頁左右的公司簡介」，在直接做成成品時，可以降低重做的機率。

如果公司內部沒有格式，也可以解構其他公司的成品，參考那些成品的格式，或是瀏覽提供格式的相關網站，下載差不多的格式來用，方法很多。動手時別花太多時間，而是一面想像草案最重要的「意見和構想」，以及「想引出哪些人的反應」，製造「刺激」、「問題」與「留白」。請把注意力放在這裡。

此外，關於格式，也可以使用前面提到的ＡＩ服務。不妨試著問ＡＩ：「我想呈現出○○○○的感覺。幫我想發表資料的目錄怎麼寫」等。如果需要設計格式，也可以使用生成圖片或資料的ＡＩ服務。像格式這種「過去幾百萬人都想過的事物」，要是第一時間能透過ＡＩ、藉助前人的智慧，使得工作更順暢，其實是件好事。

要點二「簡單」：避免塞太多資訊

田中：「第二個要點是簡單。重點在於要做得簡單明瞭。」

鈴木：「好的！」

田中：「所以草案不要寫進太多資訊，塞太多資訊會讓人誤以為是成品，就不會再根據草案討論下去。我通常是用手寫的方式製作草案，會在『這裡要再嵌入文章喔』的地方寫個Z，畫上簡單的圖。」

鈴木：「欸，我不會畫圖。我的美術成績一向很低分。」

田中：「嗯，不用想得那麼難。我也沒正式學過畫畫，基本上只會畫線和圓圈。任誰都辦得到（我的美術成績也很低分）。」

鈴木：「這種類似記號的草案，對方看得懂嗎？」

田中：「真是個好問題。說不定對方也跟你一樣，是第一次看到這種草案的人，所以只要事先加上『這裡要加入開篇的句子』或『這裡要加入摘要』等解釋你在寫什麼，對方就能明白意思。」

草案的書寫範例

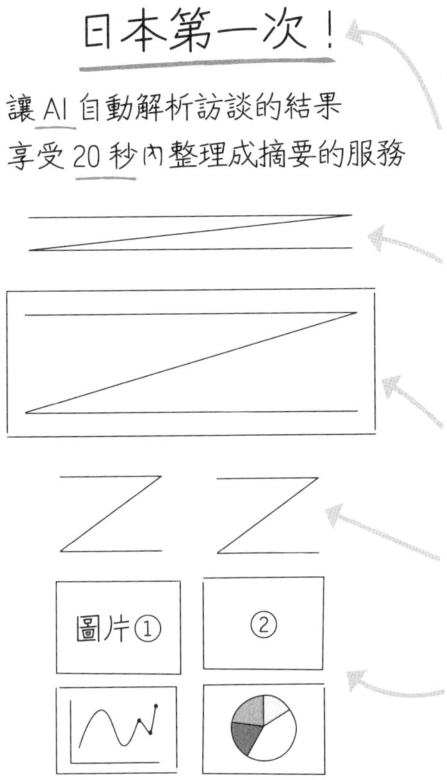

日本第一次！
讓 AI 自動解析訪談的結果
享受 20 秒內整理成摘要的服務
圖片①
②

POINT

在想強調的地方畫底線。

加入副標題。例如：提升〇〇%作業效率。

加入五百字左右的摘要。

寫下問題意識及背景。

加入視覺上簡單易懂的圖表。

簡單　別塞入太多資訊

為了寫得簡單明瞭，要特別注意以下兩點：

- 別塞入太多資訊。
- 別太重視設計。

要是在草案裡塞入太多資訊，基於以下理由很容易忽略真正重要的關鍵：

- 不好閱讀，要花很多時間。
- 難以掌握全貌。
- 無法仔細徹查。

明明開會的時間有限，所以希望能避免那些枝微末節，最後變成：「咦，我想說的是這個嗎……」、「咦，我想徵詢意見的部分都沒有得到回饋喔……」等狀況。寫的人當然盡可能想增加訊息，聽的人卻常常覺得許多只是雜訊。

舉例來說，主管要我製作某專案的時程表草案時：

四月○日會議開始。四月○日開始傾聽相關單位的意見，四月○日中間報告，五月○日……

像上述把日期和作業內容全都寫出來的時程表過於瑣碎，反而很難處理資訊。改成：

◎四月　掌握、分析現況：傾聽相關單位的意見，分析過去的資料，製作問卷。

◎ 五月　向顧客進行問卷調查：分配、回收、統計問卷。
◎ 六～七月　檢討具體的方法：決定專案的方針。

像這樣，用草案事先決定好大致的進度，別人也比較容易出主意。例如，「是否可以更早開始進行問卷調查？」、「加入其他部門的時程表是否有助於掌握整體的進度？」

另一方面，不用勉強在草案裡加入插畫或圖片，只有文字的草案也能充分讓對方理解。

寫文章時，也要力求簡潔。像是「三十多歲的雙薪家庭最想減少的家事是做飯的時間」，看起來就有點冗長。請盡可能砍掉修飾語，縮短成諸如「想減少做飯時間的三十多歲夫妻占四成」，更能直接表達你想表達的意思。

要點三「刺激」：引出大家的反應

田中：「第三個要點是刺激。意思是去刺激與會或討論的對象。你認為這份問卷的主軸是什麼？」

鈴木：「主軸嗎？我喜歡狗，但是沒想到養狗的夫婦這麼多，害我有點感動。」

田中：「呃……確實是很有意思的項目……但話說回來，你還記得做這份問卷的初衷是想了解什麼嗎？」

鈴木：「客戶研發夫妻可以一起使用的廚具，所以需要可以證明夫妻喜歡一起做飯的數據。也就是說……主軸是夫妻把時間花在哪些家事的數據嗎？目前看來，花在做飯的時間最長。」

田中：「嗯，你有點抓到訣竅了。除此之外，你認為還有哪些數據派得上用場？」

鈴林：「還有像是夫妻花在溝通上的時間、做飯是最難分攤的家事等。啊……不過，最好不要把『做飯是最不想做的家事』放進草案裡，會比較好吧？」

田中：「倒不盡然。故意提出反向數據，重新檢視前提或常識，也是一種方法。還能強調『即使是最不想做的家事，只要利用這項廚具，就能減少麻煩！』不是嗎？也可以提出積極一點的訴求：『能增加夫妻對話的時間！』你要採取正攻法，還是走反面訴求呢？」

鈴木：「哪一種方式比較好呢？」

田中：「交給課長決定吧。」

刺激① 為何需要刺激？

草案的用意是，「要是能給對方的思考帶來一點刺激就好」。

倘若對方沒有任何感覺，這個草案等於零分。因為如果無法給予對方刺激，對方就不會給予意見或提出構想，內容就無法持續進化。這麼一來，製作草案就沒有意義。看到草案時，不管是批評、共鳴或讚賞，什麼都好，**總之一定要讓對方「想說點什麼」**，才能展開討論，草案才能發揮作用。

我從事顧問這一行多年，認識形形色色的人，從他們身上學到「人固然不了解別人，但是更不了解自己」。

大家都自以為了解自己的想法，其實不然。

利用草案給予刺激，**才能知道對方在想什麼、想得到什麼**。

刺激② 給予哪些刺激？

田中：「我們課長應該是現階段最清楚客戶想要什麼的人。從這個角度來說，你不知道是再自然不過的一件事，所以只要請課長決定就好。」

鈴木：「我不必自己思考正確答案嗎？」

田中：「不必啊。而且，本來就沒有什麼正確答案。」

鈴木：「咦，真的嗎？」

田中：「即使我們知道客戶的喜好，提出A方案，客戶也可能因為某些原因駁回，採用B方案。所以，誰也不知道什麼才是正確答案，就連課長也得問過客戶才知道。先用草案試探一下，再找出最佳解就可以。」

鈴木：「這樣啊，感覺好難啊……」

田中：「多試幾次就能掌握要領。你現在應該做的是讓課長容易做選擇，所以要先決定採取正攻法還是反面訴求，再補足可以讓課長做出判斷的材料。」

顧問常用的一種方法，稱為**「表明意見」**。

即使在沒有佐證、不知道該選哪個好的狀態，也要勇敢的選擇A或B。不曉得要在新聞稿裡放入哪些內容時，即使問主管：「您認為A和

B哪個比較好？」主管也只會回答：「我哪知道。」

像這種時候，刻意選擇A，製造「選擇A的話會做成這樣」的刺激。為了得到對方「嗯，不錯啊」或「不是這樣，這裡的重點是……」的反應，刺激對方是有其必要的。**埋下這類「刺激」的伏筆，才能寫成好的草案**。

製作草案的高手在給予對方刺激時，有時候也會故意激怒對方。尤其「不太確定對方想要什麼」的時候，故意在草案裡加入會讓對方感到困擾的數據。這麼一來，對方就會說出真心話：「加入這種過去的數據只會擾亂我！這個專案在我們這邊曾經失敗過一次，千萬不要流出去。」

此時千萬不要氣餒。一邊巧妙的避開對方的怒火，一邊說：「對不起，這只是草案。請問還有其他在意的地方嗎？」讓對方暢所欲言。即使激怒對方，只要最後完成的作品高於對方的要求，就能得到良好的評價。「沒錯，這就是我想要的！」

此外，從對方口中得到「做得不錯喔」、「很有趣呢」的感想，也是一些好的反應。只不過，在製作草案的階段，**最好把目標放在得到更深入一點的反應**。

「還有沒有更好的構想？」

「有沒有漏掉什麼重點？」

像這樣提出問題，以利得到具體的意見。

不管是正面意見還是負面意見，只要能從對方身上得到超越一般感想的反應，就算是成功的刺激對方。

要點四「提問」：用5W1H發展討論

田中：「第四個要點是『提問』的能力。這是為了給予重中之重的『刺激』。不僅如此，提問甚至可以說是製作草案最重要的部分。」

鈴木：「提問，是要問課長喜不喜歡狗嗎？」

田中：「呃……（苦笑），可以先跳過狗的話題嗎。在製作草案前的階段、製作草案的階段和發表草案的階段，都需要提問的能力。」

提問① 製作草案前要確認的事

如同我告訴鈴木的，製作草案時，以下三種場合都需要提問的能力：

①製作草案前。

②製作草案時。

③發表草案時。

為了讓對方理解問題的本質和企畫的用意、需要改善之處和重點所在，不妨多詢問對方。說不定還能發現新的問題。

首先，是在製作草案之前：

田中：「接下來就從我平常會問自己的問題開始。可以請你回答這些問題嗎？」

鈴木：「當然可以！」

Q① 為什麼需要那個草案？

鈴木：「我想想……是為了新聞稿。」

田中：「這我當然知道。是為了什麼目的寫新聞稿呢？」

鈴木：「呃……呃……為了讓社會大眾知道自家公司的產品或服務。」

田中：「沒錯。可是，你原本製作的草案無法做成新聞稿，頂多只是整理問卷調查的內容。」

鈴木：「嗯，說、說的也是……」

田中：「所以這個問題其實意外的重要。話說回來，你知道這份新聞稿將由我們提出，還是由客戶提出嗎？」

鈴木：「呃，客戶……？」

田中：「這份新聞稿將由我們提出。客戶不想讓大眾產生他們是為了宣傳自家公司才做問卷調查的印象，所以『表面上』是由我們自己做的問卷調查。客戶只是加以利用。」

鈴木：「太複雜了，我的頭好痛……」

田中：「一開始都是這樣的。公司內部使用的問卷調查、公司外部使用的問卷調查、替客戶做的問卷調查……有各種不同的型態。內容會隨之改變，做法也不一樣，所以必須從一開始就掌握全貌才行。尤其是新人，聽到『製作草案』時，千萬不能不確認這點，就立刻回答『好的！』」

Q② 為誰做的草案？

鈴木：「當然是為了客戶……等等？可是要讓課長過目，所以是為了課長？不對，是為了替自己加分？我昏頭了。」

田中：「這個問題很重要。因為草案內容會隨著為誰製作而異。舉例來說，假設認為製作營業資料是『為了客戶』，一開始就能抓到方向，像是加入客戶可能會感到困擾的煩惱或加入費用，這樣比較好。反之，如果是『為了我們公司』，或許會偏重於強調我們公司的業績。即使是同一份資料，目標不同的話，內容也不一樣。」

鈴木：「原來如此，我懂了！」

田中：「所以剛才你說是為了客戶、為了課長、為了自己……這些都是正確答案。」

鈴木：「我的腦筋又開始打結了。」

田中：「我的意思是，答案也會隨『場域』而異。在公司這個『場域』裡，為了課長是正確答案；在市場或社會、做生意的『場域』裡，為了客戶當然也是正確答案。但是在自己的人生這個『場域』裡，為了自己才是正確答案。」

鈴木：「媽呀，突然討論到人生觀了！」

田中：「所以說，短期是為了課長，長期是為了自己。但是我們很容易忘記市場或社會這些公司外面的『場域』。現在你可能還想不到那裡，但那裡才是最重要的場域。也有一些案件是為了使用者或消費者。」

Q③ 使用草案時，想得到對方什麼樣的反應？

鈴木：「我想想……這裡的對方指的是課長嗎？還是客戶呢？」

田中：「喔，好問題。你的草案必須先給課長看過，所以現階段是課長。不過，課長也是客戶的代言人，所以課長會思考客戶想要什麼，給你建議。無論如何，遲早都得直接面對客戶，因此製作草案時必須以『怎麼做能讓客戶開心』、『客戶希望消費者有什麼反應』的概念，想得深入一點。」

鈴木：「要想得深入一點啊……」

田中：「只要能做到這一點，主詞就會改變。現在你都是以自己為主詞在思考『我是這麼想的』。可是一旦開始思考想從客戶身上得到什麼反應時，主詞就會變成『客戶希望這樣，所以我準備這些資料』。」

鈴木：「等等，聽起來好難啊……。根本不懂別人在想什麼的我做得到嗎？」

田中：「原來你不是毫無自覺啊……。如果是現在的你，想從對方身上得到的反應，不外乎『想請對方確認自己蒐集的資料，是不是新聞稿需要的資料』吧？」

鈴木：「欸，這就是所謂的反應嗎？不是讓對方感動落淚？」

田中：「如果是拍電影或漫畫的情節，目的或許是讓對方感動落淚。但是商場上的草案如果讓人看到感動落淚，反而很恐怖吧？」

鈴木：「我隨時都能用我的無能讓對方落淚喔。（笑）」

Q④ 為了讓對方有反應，需要誰的幫助？

鈴木：「啊，這題我知道。我需要課長的幫助。」

田中：「答對。這次的答案是課長沒錯，但有些案件需要好幾個部門協作。舉例來說，如果要推動大型專案，參與者來自四面八方，這麼一來就不能做出只有我們部門看得懂的草案。所以要先向主管確認：『請問要向哪裡的誰索取資料呢？』」

鈴木：「哦，必須意識到所有的參與者呢。」

田中：「沒錯。要是提出自我中心的草案，看的人也不知該做何反應才好。為了給大家看草案，必須做成所有參與者都能理解的草案，這一點可是基本中的基本。能夠以自我為中心走天下的，大概只有賈伯斯。縱然是賈伯斯，也曾經踢到鐵板，被趕出公司呢。」

Q⑤ 能靠目前手邊的資料引出對方的反應嗎？

鈴木：「嗯……這次只要能以問卷調查引出反應就行，所以答案是YES吧？」

田中：「沒錯。但今後主管可能也會請你處理需要做一點研究的案件，像是國際情勢或市場動向、其他競爭對手的做法等。所以『請教過去負責那位客戶的前輩』也是一種研究方法。」

鈴木：「如果不知道有沒有資料可以引出對方的反應，又該怎麼辦呢？」

田中：「請教主管或前輩是最快的方法。可以問對方：『我現在有這些資料，可以直接用這些資料製作草案嗎？』我現在也還是經常去請教比較了解狀況的人：『我是第一次接觸這個領域，請問哪些資訊必須事先知道呢？』對方會告訴我：『你可以先看過去的這份資料。』」

鈴木：「也可以這樣問啊。」

田中：「有句俗話說『只要能派上用場，就算父母也要利用』嗎？只要能上場，管他是主管還是前輩，通通叫他們起來。」

鈴木：「啊……原來坐著不行呀。」

田中：「呃……下一題。」

Q⑥ 使用什麼樣的格式？

鈴木：「咦，到這個階段還得思考要用什麼格式嗎？不是一開始就決定好了？」

田中：「嗯，我也想從『該使用什麼樣的格式』切入，但草案最重要的還是引出良好的反應，而非依循格式。所以應該先思考最重要的問題，再來思考格式也不遲。」

鈴木：「格式，是指公司裡使用的格式嗎？」

田中：「對。企畫書和簡報資料、新聞稿等，所使用的格式依案件而異，因此，配合格式製作草案，會比較省事。」

鈴木：「沒有格式的話怎麼辦？」

田中：「也有可以自由使用的草案，我下次再教你（請見第三章）。」

提問② 製作草案時要提出的問題

田中：「……以上是製作草案前需要解答的問題。接下來，是製作草案時需要解答的問題。在製作草案的過程中，我想應該會出現各種疑問。」

鈴木：「是的。」

田中：「以這次的新聞稿為例，像是『三十至三十五歲與三十五至四十歲的數據差很多，你打算怎麼做』？以及『東京都心與地方城市的數據有很大的出入，請問該怎麼辦才好』？像剛才提到採取正攻法或是走反面訴求，也還不確定吧？請把這些寫在草案裡，直接問課長。」

鈴木：「可是如果直接問課長的話，不就表示我什麼都不知道嗎？」

田中：「事實上，現階段你確實什麼都不知道，所以不需隱瞞。正因為不知道，才要請對方一起思考。這也是提問的目的。」

鈴木：「是的。」

田中：「你還是新人，不知道是很正常的。不知道也絕不是什麼壞事，交給對方判斷就好。明明不清楚還要硬著頭皮做，反而後面很容易出問題，所以告訴自己，『不清楚的部分最好不要自作主張』比較好。」

製作草案時，除了草案內容，也要盡量寫下製作過程中發生的問題或疑問。

如果是企業做為廣告主，委託我做問卷調查，我會先簡單寫出一個大致的格式，再仔細寫下自己不明白或想到的事。例如，「以什麼要點來區分？」、「與消費者個人做連結是不是有助於精準行銷？」、「因為是B2B的商業模式，是不是要把目標受眾分成『使用者』與『決策者』？」等。

這麼一來，**拿到草案的人也比較容易給予「啊，這裡是……」的回饋，才能發展成有意義的討論**。

不必想得太難。「要從哪裡下手？」、「目標群眾要鎖定哪裡些人？」像這種簡單的問題即可。如果是新人的話，不妨告訴自己，只要能加入一個問題就算是及格。

想不到任何問題時，使用所謂的**5W1H（Why：為什麼？What：什麼？When：何時？Where：何處？Who：誰？How：如何？）**，對思考也很有幫助。

田中：「還有一點，最好在製作草案的階段，就提出應該要解決的核心問題。」

鈴木：「要提出什麼『核心問題』呢？」

田中：「可以看穿事物本質的問題。舉例來說，製作這次草案時，如果廣告主提出：『請問哪種廚具可以縮短消費者的做菜時間？』就需要聚焦於有關廚具的數據。」

鈴木：「是的。」

田中：「相對的，如果我們提出『廣告主想得到什麼？』的問題，可能得到對方『希望能讓雙薪家庭的消費者購買新產品』的答案。換句話說，問法不同，就會得到完全不同的答案。」

鈴木：「哦，原來如此。」

田中：「一旦得到『希望能讓雙薪家庭的消費者購買新產品』的答案，就能聚焦在為了讓雙薪家庭的夫妻購買新產品，要怎麼運用這份問卷調查。」

鈴木：「哦，所以不是喜歡狗的人多不多的問題。」

田中：「當然不是（笑）。把焦點放在生活型態相關的數據，讓雙薪家庭的夫妻產生共鳴。像這樣提出應該要解決的核心問題，就能找到製作草案的方向和焦點。」

製作草案的人會隨時面對「必須想些什麼、做些什麼」的問題，在反覆討論的過程中自我更新。至於要提出什麼問題，其實沒有正確答案。只不過，如果能提出好問題，就能看透本質，在自己的心裡整理好資料。

提出「客戶想得到什麼」的問題，就能明確知道核心該放在哪裡，再配合核心挑選資訊即可。與其不提出問題，一直在煩惱「草案該怎麼做」，主動提問還比較有效率。

可惜，這不是一下子就能學會的技巧。但我認為隨著經驗不斷累積，應該就能逐漸明白什麼是好的問題、什麼是不好的問題。

提問③ 做完草案後拋磚引玉

田中：「草案做好後要給對方看，這時也需要提出問題。提問的感覺就像是為了將對方及團隊引導到目的地。」

鈴木：「像是問對方『這樣可以嗎？』」

田中：「比起那種不著邊際的問題，『我在製作草案的時候其實很煩惱，不曉得該怎麼做才好』這種具體的問題比較好。主動問對方自己感到在意的問題，像是『內容會不會塞得太滿？』或『內容會不會太空洞？』察看對方的反應。也可以直接問對方草案裡寫的問題。」

要是草案能引出對方的反應，自然再好不過，所以請你主動提問：「請問有什麼令您感到在意的地方嗎？」來打開對方的話匣子。

至於製作草案後的問題，會在下一節的「留白」及第四章打造團隊的方法來為各位做介紹。

要點五「留白」：故意讓別人挑毛病

田中：「好了，最後一個要點是『留白』。所謂留白，就是不要做得太完美、無懈可擊，而是故意留下可以讓對方挑毛病的餘地。」

鈴木：「我根本不用刻意留白，就被對方一直挑剔了。」

田中：「不要用這麼爽朗、甚至有點得意的表情說出這種話好嗎……不過，這也是新人的通病呢。打個比方，假如課長要你整理成三張Ａ４，但你只能寫出一張的話，就不要勉強擠出三張Ａ４。直接交出那一張，課長一定會問你：『為什麼只有一張？』對吧？」

鈴木：「對。」

田中：「這時只要告訴課長：『我認為問卷調查可以採用的數據只有這三點。』或許能進一步展開討論：『其他數據為什麼不能用？』」

留白① 出現空格，讓對方思考

對新人來說，讓故意雞蛋裡挑骨頭、或是開會的人挑自己的毛病，這種刻意「留白」的技巧可能很需要勇氣。然而，這是讓對方產生反應很有效的手段。

有個任何人都能使用的簡單方法，那就是讓對方看到空格。

有時我們會在電車上看到介紹國中考試題目的補習班廣告。假如題目是「填空題」，我猜有人肯定會很認真的思考。

人一看到空格，就會下意識的想要「填滿」。利用這個特性，可以事先把想讓對方思考的地方空下來。舉例來說，與其問對方：「什麼是這個案件最重要的事？」不如事先在草案裡寫下「這個案件最重要的事是□□□」，然後問對方：「請問這個□□□的部分該填入什麼才好？」

留白與提問其實相輔相成，可以從對方口中盡量套出自己想要的訊息。一旦親身感受到留白的威力，應該就能策略性的運用留白。

再來，假設要製作提案書，而且要在提案書裡加入「現狀分析、難題、具體的改善方案、時程表、預算」五點，請先填滿已知的項目。

現狀分析：

- 消費者不知道公司的服務。
- 點閱數一直原地踏步。
- 沒有花成本在宣傳上。

假如還不清楚「具體的改善方案」，先空下該欄位，什麼都不要寫。雖說「不要寫」，但也可以假裝不小心按錯，只輸入「一一一一一」也是個辦法。這是為了向對方表示「這裡應該要有東西，但目前還不確定／不知道要填入什麼」，是一種空格的表現方式。

如果擔心不寫些什麼會被對方指出這個漏洞，只要事先寫上「還在檢討改善的方案」、「改善方案是由我們這邊來思考嗎？」等，對方應該就會有所反應。

接著，再善用「四、提問」的技巧詢問對方：「請問提出什麼樣的方案客戶比較滿意？」、「過去這類型的案子都提出什麼樣的方案？」讓對方也一起動腦思考。

萬一想破頭也想不出來，或是根本無法可想，又或者是可以讓自己埋滿空格的資料太少時，請務必在草案裡留白。不是什麼都不要寫，而是寫下空格。**重點在於寫出自己不懂、不會寫的事實**。

留下許多空格，再綜觀全貌，即使像填字遊戲那樣有一堆空格，只要事後有人幫忙填滿，資料就會漸漸進入完成階段。所以，**別怕留下很多空格**。

有時候，也會發生所有項目都不知該寫什麼才好的狀況。這時先做一份只有「現況分析」和「難題」這種「草案的草案」，詢問主管：「這裡該怎麼寫才好？」也是個好方法。

被問得如此具體，主管應該會給你「現況分析可以寫前陣子開會時提到的那件事……」之類的建議。

留白② 「……」讓對方說話

加入「……」也同樣一眼就能看出「還沒有結論」。例如：

待解決難題：

- 顧客很少使用網站申請。
- 還使在用五年前做的網站。
- 公司的最新活動只公布在最新消息欄……

用「……」來表示的話，觀看者就知道「還有難題尚未處理」。也可以用「……等」，來表示還有其他東西。像這樣事先留白，也比較方便藉由詢問對方：「還有別的嗎？」向對方套出情報。

製作草案的方法達到中級水準後，對於要怎麼表達自己不懂的部分，也會變得更加靈活。製作草案的新手還可以處於「不知為不知」的狀態，周圍的人也比較好伸出援手。但是，如果已經出社會五年，製作的資料還一直被打回票，我認為原因出在沒有利用草案打好基礎。

因此，請趁年輕勇敢留白，向對方表明你是真的不知道，多累積一點蒐集資料的經驗。從經驗中理解要領後，製作草案的方法也會變得更高明。

留白③ 打贏心理戰

習慣如何製作草案後，能否活用草案讓自己進一步成長，則取決於留白的做法，以及打心理戰的戰術。

做了幾十次草案後，自然會逐漸明白如何讓草案過關的方法。尤其是沒有經過討論，就多次得到「照這樣進行下去」的答覆後，可能會認為不需要草案就能滿足對方的需求。然而，**對自己太有信心是很危險的**。為了不要讓自己染上製作草案的慣性，不妨提醒自己要刻意留白，試著引導對方表現出過去沒有的反應。

就像我教鈴木先生的，為了讓自己推行的案子通過，還有一種方法是故意不從草案切入。

如同第一章也提過，有時候開再多次會也無法有任何進展。像這種時候就必須故意製作不切入「正題」的草案，只交代「現階段已經決定的只有這些內容」。如此一來，可能就會有人留意到正題，「這份草案都在討論要不要推出新業務，沒有提到顧客有沒有這個需求呢」。只要能喚起別人的注意，接下來就能進入以顧客為主的討論。

另外，留白時還要注意一點。對方可能會覺得「這傢伙什麼都不懂」、「這個人根本狀況外」。若對方無法領略你藏在草案裡的訊息，有時候可能不要這麼做比較好。總之，請特別注意「場合」的問題。

田中：「以上，五大要點大概是這樣。請你根據剛才講的這些，製作給課長的草案。」

鈴木：「好的！但是我對徒手寫字沒信心，可以用尺先畫線再寫嗎？」

田中：「我是不會阻止你啦……但你不覺得多費一道工嗎？直接手寫還比較快。」

鈴木：「原來如此……我試試看。」

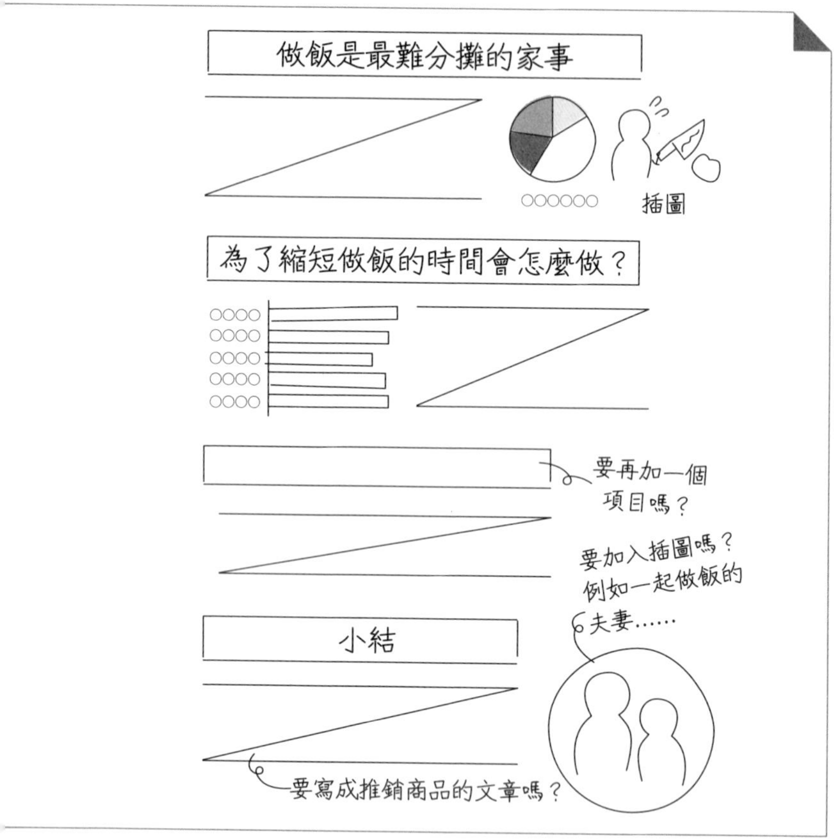

做飯是最難分攤的家事
○○○○○○
插圖
為了縮短做飯的時間會怎麼做？
○○○○
○○○○
○○○○
○○○○
○○○○
要再加一個項目嗎？
要加入插圖嗎？例如一起做飯的夫妻……
小結
要寫成推銷商品的文章嗎？

鈴木先生製作的草案

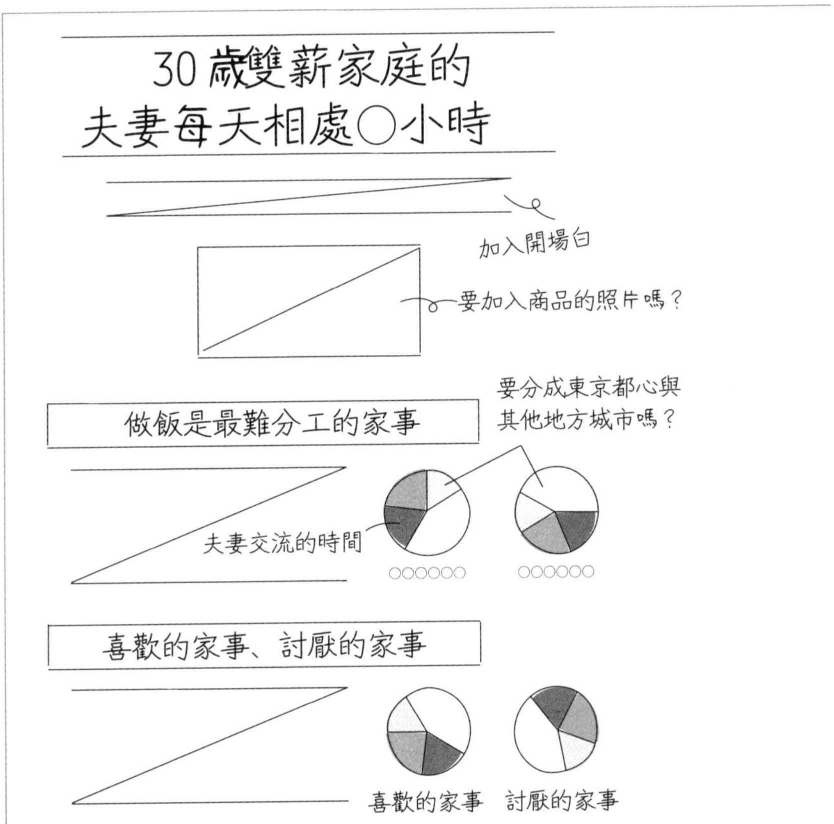
30 歲雙薪家庭的
夫妻每天相處○小時
加入開場白
要加入商品的照片嗎？
要分成東京都心與
其他地方城市嗎？
做飯是最難分工的家事
夫妻交流的時間
○○○○○○
○○○○○○
喜歡的家事、討厭的家事
喜歡的家事
討厭的家事

以上是鈴木先生製作的草案。交給課長後，課長似乎給出很正面的評價：「你做的草案還不賴嘛。」不僅如此，課長還提供以下建議：

- 把主軸放在雙薪家庭夫妻的相處時間，是很不錯的構想。但如果沒有意外的多或壓倒性的少，就沒有震撼力。
- 即使新聞稿的目的是用來宣傳廚具，但還是想把焦點集中在雙薪家庭的日常生活，所以不要提到與商品有關的話題。
- 如果東京都心與地方城市的數據沒有太大的差異，就沒必要分開。如果真的很在意這點，可以用文字補充「地方城市的夫妻一起度過假日的時間，比東京都心的夫妻多○小時」。
- 項目數量這樣剛剛好。
- 或許也可以加入做飯以外的家事？

◎問卷調查的個別意見也可以加到文章裡。
◎不用全部做成圓餅圖也沒關係，但至少前三個介紹的項目要做成圓餅圖。
◎最後的插圖真是神來之筆！

根據這些建議，鈴木先生被交付實際完成新聞稿的重責大任。鈴木先生深刻感受到草案的效果，從此以後也開始主動製作草案。

無論是什麼樣的工作，請先養成「要用什麼草案來借用誰的智慧呢？」的口頭禪開始。

第 3 章

沒靈感時，BCG 頂尖顧問的突破技巧

借用他人智慧的最佳工具

掌握草案的五大要點以後，就可以進入下一步。

如前所述，即使自己心中沒有具體的想法，也可以利用草案與周圍的人集思廣益，把構想生出來。換句話說，**可以借用「別人的智慧」來創造構想**。若能巧妙的使用草案，就能順其自然的實現這個目的。

人的「時間」與「能夠獨力完成的事」其實極為有限。花時間努力擠出構想、寫出草案固然可取，但如果一直發回重做，就很難再前進一步。因此先把想到的構想寫進草案，與周圍的人一起檢討、修正，才能一步一步繼續往前走。認清自己的極限，請周圍的人助自己一臂之力，也是上班族非常重要的課題。

在這一章，將為各位介紹如何借助「別人的智慧」，利用草案來產生構想的技巧。

這裡聽我提供建議的晚輩，是剛出社會一年的林小姐。進公司到現在，基本的工作已經學會，正要進入負責更重要工作的階段，但林小姐似乎在這個階段遇到困難。

田中：「林小姐，妳看起來好沒精神，怎麼了嗎？」

林（進公司第二年。最近開始負責大型案件）：「田中前輩……我在想，這份工作是不是不適合我啊……我是不是只能辭職……（淚）」

田中：「妳冷靜點。先深呼吸（汗）。發生什麼事，可以告訴我嗎？」

林：「上頭交代我向客戶提案。這是我第一次自己製作提案資料，但一次又一次的被課長駁回：『這個不行，重做』……我不知道到底是哪裡不行，嗚嗚嗚……」

田中：「我明白了。妳先冷靜下來。呃，課長有給妳具體的指導嗎？」

林：「他說我只顧著版面美觀，沒有內容。還說這樣等於沒提案，但這些明明是我拚命思考後的結果。我果然不適合這份工作，嗚嗚嗚……」

田中：「我懂我懂，課長其實有好好指出妳的問題在哪裡呢。妳手中有設計前的草案嗎？手寫的也沒關係，或是只有文字檔也行。」

林：「草案？我沒有寫草案。我一開始就直接用PPT做。」

田中：「咦？」

林：「因為我出社會已經一年，應該不需要再寫草案。」

田中：「欸？我到現在都還會做草案喔。如果我沒記錯，課長要提出重要企畫案時也會親自先從草案開始整理資料。不只部長，聽說就連常務也是。」

林：「真的假的？」

何時要寫草案？由誰寫草案？

「草案要做到進公司的第幾年？」

如果問我這個問題，我一定會毫不猶豫的回答：**「要做一輩子。」**

蓋房子的時候，建築師不會一下子就開始畫設計圖，而是先素描、打草稿、製作模型、與客戶再三討論。無論再熟練的建築師，大概也沒有人第一步就開始蓋房子。製作草案與工作的熟悉度無關，其實是工作時不可或缺的步驟。

知道工作大致上該怎麼做後，很容易陷入「不做草案也沒關係，直接讓成品過關就行」的迷思。問題是，誰也說不準工作流程會發生什麼事。

朝令夕改的主管多如過江之鯽。即使按照主管指示的準備好資料，這種主管也會突然冒出過去從未提過的要求：「啊，不是這樣，我要的是上次那個企畫的感覺。」

在成品階段才被整個推翻的話，很難不讓人覺得至今的努力到底算什麼？所以，我才會推薦使用草案。顧名思義，**草案是有如雜草般的存在。請一再修改草案，歡迎所有人的批評指教**。

再說，無論是什麼樣的工作，如果不先磨合，建立共識，往往之後會產生糾紛。愈早請主管確認愈安全。不先提出草案就貿然開始工作，這樣做風險太高。

草案也是促進自己成長很重要的工具。

我之所以製作草案，**也是為了不斷的提升自己**。從來沒有一種工作會讓我覺得「我能把這份工作做得很完美」！以後大概也不會有。隨著成功體驗和知識增加，工作能力愈來愈好，人很容易變得自以為是。當一個人覺得「我的工作能力很強，已經不需要再學習」，自己的成長就到此為止。千萬不要滿足於現狀，為了隨時都能更上一層樓，必須借助別人的力量，讓自己持續成長。

也因此需要草案。

善用「九宮格草案」，任何資料都無礙

林：「可是……製作資料的格式每次都不一樣，對吧？提案資料和會議的簡報資料需要的要點和架構，也不一樣。每次都要一一配合這些不同處來製作草案，不是很麻煩嗎？」

田中：「嗯，可是不管是製作還是重做成品都要花時間，不是反而更麻煩嗎？如果是草案，就可以馬上修改。」

林：「嗚嗚，我沒辦法反駁，嗚嗚嗚。」

田中：「好了好了，別哭。偷偷告訴妳，有一種可以自由調整的草

案格式，不需配合各種資料的格式也沒關係喔。」

林：「真的嗎？」

格式確實會隨資料變動，所以要配合資料來製作草案，確實很勞心勞力。**因此我製作草案時經常使用「九宮格草案」**。

我製作草案的方法就只有這個。

首先，可以參考對方公司平常使用的格式或網路上免費的模板。提案資料不妨擬定以下大綱：

根據資料目的寫下產品或服務的優、缺點，以圖表顯示導入服務後的願景等。架構會依資料目的而異，也請記得草案會依目的而異。

封面和目錄、公司簡介等資料，是製作草案時不需要事先確認的資料，不放進草案裡也沒關係。

另外，也可以只把需要重點確認的那幾頁做成草案。如果想增加過去的成功範例，大概像這樣：

- 第一頁：介紹兩家左右利用服務提升業績的公司案例。
- 第二頁：介紹三、四條負責人員的直接心聲。

然而，不需堅持一定要以九宮格呈現，也可以增加到十二宮格。如果資料的頁數太多，多做幾張九宮格也無妨。

像這樣隨著案子可以彈性的增減頁數，因此就算不使用現有的格式，也能因應各種資料。此外，我的習慣是從左邊寫到右邊，我認為這是最容易看懂的排版方式，但如果由上而下比較好寫，當然也可以這麼做。

也可以將草案分成九張，像翻頁漫畫那樣檢查整體的順序。分成九張的話，就能「這一頁移到最前面」、「這一頁擺在後面是不是比較好」，這樣做在決定整體順序的作業上非常有幫助。

在檢討整體的順序時，也能選擇、取捨資料。例如，抽掉「好像可以不用加上」的頁面、新增「加入別的項目」的頁面，做成翻頁漫畫的好處之一，就是可以輕鬆調整。

我習慣依序填滿空格，也有人從最重要的「關鍵投影片」開始寫。寫的順序因人而異，用自己覺得順手的方法即可。這項作業如果放到製作成品的階段才進行，既費工也耗時；但如果是草案的話，隨時都能修改，因此請放心、大膽的嘗試。

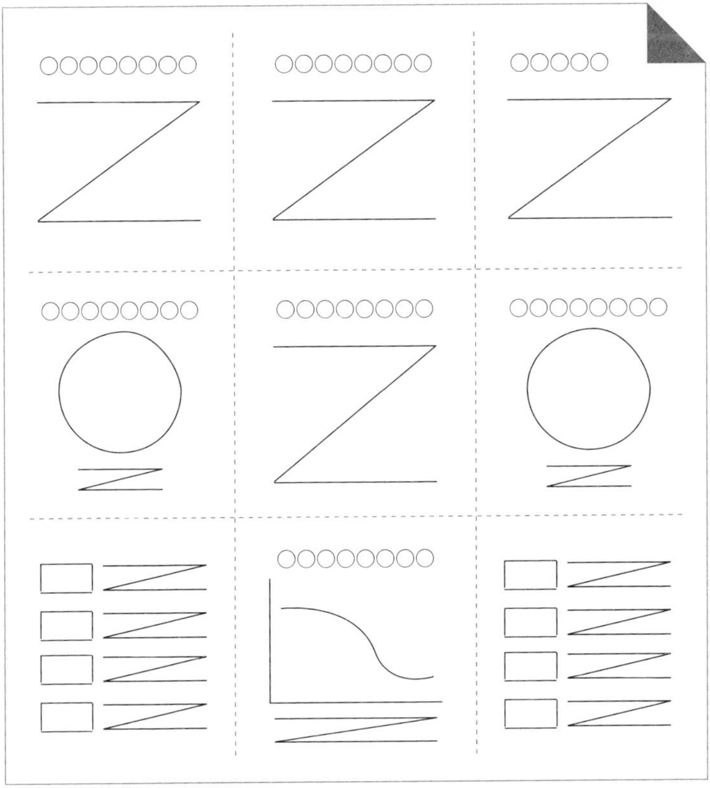

九宮格草案

無論手寫或打字，先提案再說

顧問公司派人去現場開會的時候，會積極使用手寫的粗略草案來討論。

不必浪費時間特地掃瞄資料做成電子檔，只要依人數印好手寫的九宮格草案，分給與會人士，就能直接開始討論。幾乎沒有人會說「不用PPT做成有模有樣的資料，就無法討論」。反而會採取更積極的態度，認為「直接用word檔討論。很粗略也沒關係，總之先做成草案再說」。

如果是認識很久的客戶，甚至可以直接手寫草案或一張ＰＰＴ，就開始討進行討論。雖然最終交付的成品或高層報告必須精美、完整，但一開始就設計得很精美，只是浪費時間。重要的是，趕快展開必要的討論，讓所有人都站在同一個角度面對難題，達成共識，這樣一來會更有效率。

倘若覺得光靠手寫的草案可能不夠，也可以附上用 word 製作的資料大綱、故事線（說明概要）。只要能從這兩點展開討論、整理內容，接著就只剩下做完ＰＰＴ的工作。

無論如何，如果不先用草案徹底勾出對方的反應，就無法進入下一步。

製作草案必備的不是「好構想」

林：「有道理，只要九宮格就好的話，我想我應該也做得出來。」

田中：「是不是？如此一來也可以減少需要重做的部分。」

林：「可是，只有這樣還不夠吧。因為我沒有想像力……不像田中前輩隨時都能提出一堆構想。是因為平常就有在鍛鍊想像力嗎？您是怎麼鍛鍊的？」

田中：「不不不，我也沒有想像力。」

林：「少來了！您太謙虛。」

田中：「我是說真的。就算自己想不出什麼好主意，只要借用別人的頭腦，讓別人幫忙想就可以。有專門為此設計的道具。」

林：「哦，還有這麼好的事？」

基本上，「**需要他人出主意的場合＝需要草案的場合**」。舉例來說，公司內部的業務報告可能不需要，但是向股東說明自家公司業績時，呈現的資料必須提出構想，因此也需要草案。

這麼說來，提案書、營業資料、企畫書都需要草案。想得再廣一點，被改得滿江紅的會議紀錄或用來報告數字的報告書、需要透過那些會議紀錄和報告研擬出新的對策或想說服別人的時候，草案都很好用。另一方面，「我做出一份草案」和「我有一個好主意」其實是兩回事。能一下子就想出好主意的人很有限，但只要練習，任何人都能製作草案。

還在製作草案的階段時，不需要好構想。

即使草案裡寫的構想不怎麼樣，只要構想裡含有某個能讓大家動腦的要點，大家一起透過草案討論，讓構想愈磨愈光，原本的構想就能發揮身為草案的作用。

請容我再重複一遍：草案是用來推翻的。在草案裡提出再出色的構想、感動再多的人，都有沒用。**草案經過不斷、反覆的琢磨，從中產生創造的基礎**，這才是草案的存在價值。

顧問都很會製作草案，但顧問不見得是充滿創意的人才。我這麼說，大概會被同行罵吧。

一般而言，顧問針對自己的專業領域或認識很久的客戶，通常具有某些優秀的洞察力、觀察力。但是對於第一次接觸的業界或企業就能提供有創意的價值，這種顧問其實少之又少。

我也不擅長在不熟悉的領域提供有創意的價值，之所以還能以顧問的身分混口飯吃，無非是因為我具有利用草案借助許多人的智慧、蒐集構想且加以打磨的技巧。**我把好幾個構想或觀點放在一起，加減乘除、排列組合，就能產生新的構想**。

無中生有固然是一種創造，但是把現有的東西「串連起來」，也是一種創造。所以就算自己沒有想法，也不盡然束手無策。

這就是所謂的「集體知識」。

集體知識的意思是「由許多人的知識累積而成的東西；分析數量龐大的知識，整理成有系統、可應用的形態」。只要利用集體知識，大家集思廣益，創造出更好的價值，構想肯定取之不盡、用之不竭。我認為，這樣產生的構想，肯定比一個人想出來的更有力量。

此外，集體知識不會自然形成。光靠三言兩語存放在每個人腦海中的知識，只會各自散佚。**請把草案放在討論的中心位置，讓各式各樣的知識在此互動**，從而打磨構想，藉此讓集體知識逐漸具體成形。

三技巧，將他人智慧變成自己的草案

林：「不會吧。田中前輩，你的那些構想不是自己想出來的嗎？」

田中：「不是啊。的確有人很聰明，靈感會源源不絕的自己跑出來，但那種人畢竟是少數，要以那些人為目標只會累死自己，所以先蒐集大家的意見，再根據那些意見加減乘除，催生出好構想就行了。這樣一來，妳也能勝任吧？」

林：「好的，我試試看！」

田中：「這時有個製作草案的重點，妳還記得新人訓練時教妳的五大要點嗎？」

林：「記得。」

田中：「以五大要點為基礎，蒐集大家的意見時還要注意三個重點。」

如同本章開頭說的，蒐集構想要巧妙的利用「別人的智慧」。三個重點分別是：①架構、②事實、③意見。事先用草案明確區分這三點，要借用別人的智慧就更容易。

①架構（大綱）表示整體的結構

前面說過「可以模仿前人的格式」，指的就是架構（大綱）。舉例來說，寫詩很麻煩，但是利用古體詩的句式就很容易表現得有模有樣。

同樣的，只要認識大量的架構模版，就能有彈性的判斷「這次的簡報有二十分鐘，要使用這個架構」或「這次用縮短的版本」，自由的進行選擇。

此外，剛進公司時，先學會一、兩個標準架構就已經足夠。即使手邊沒有任何模版，只要向前輩虛心請教，就會累積愈來愈多的草案架構。這麼一來，自己可以從中選擇要使用哪一個架構。

萬一出現手邊的架構都無法套用的狀況，不妨請前輩幫忙或自行上網查資料，與新的架構變成好朋友。**千萬不要試圖自創架構**。人類的智慧都濃縮在這些架構裡。絕大部分的架構應該已經被發明出來，我們要做的只是在那些架構裡創造更好的內容。

之所以要依循架構製作草案，是為了引起對方注意，而且有「架構」可循的話，也能降低對方的認知負荷，讓對方的注意力集中在內容上。如果是提案書，對方立刻就能發現問題出在哪裡，像是「光靠這樣無法看出對方的問題」、「缺少成功的範例」、「最好不要一開始就說明產品」。

另一方面，如果在製作草案的時候不管架構，會難以判斷有沒有寫到重點。這樣一來也比較不容易得到對方的回饋，將失去製作草案的意義，請特別小心。

此外，利用既有架構時，不一定要正確無誤的在草案裡重現該架構，簡單做就夠。如果做出精緻度與完成品差不多的草案，對方很容易被精美的外觀欺騙。**關鍵在於用架構（大綱）來顯示手寫的簡單草案**。

②事實 明確呈現真實狀況

顧問公司經常以「事實是什麼？」來溝通。因為事實（fact）是用來說服對方的武器。除了使用實際發生的現象、數值或數據等事實以外，事實也包括「顧客是這麼說的」、「問卷調查出現這樣的結果」等。

例如，有這種商品、這個很暢銷、卻少這部分、今年販賣的商品與一年前有何差異等，以上都是事實。**重點在於要正確的掌握事實**。

另外，由於新人缺乏經驗，腦子裡幾乎沒有任何事實，基本上只能問別人。所謂的蒐集事實，其實跟不必自己動腦思考、借助「別人的智慧」是同樣的意思。

千萬要注意一點，那就是：絕對不能沒有確認事實，因為「反正只是草案」而隨便亂寫。隨便亂寫的草案只會被追問「這是真的嗎？」，如果什麼都答不上來，原本可以通過的企畫也通過不了，還會失去對方對你的信賴。

還有，請不要對寫在草案裡的事實加上自己的解釋。只要原原本本的寫出事實就好。如果想加入個人推測，**請注明那只是你的推測**。

③意見 一定要加入自己的意見

這一點很重要。

雖說是草案，如果沒有加入自己的意見，就無法從對方身上引出任何反應。第二章提到的「表明意見」和「加入自己的意見」，其實是同一件事。我們不必想得太難，例如，「這裡分成三個重點」、「以照片為主」、「直接引用顧客的評論」，像這樣稍微下點工夫即可。只要對方能對此有所反應，就算成功。

我猜，每個人剛進公司的時候，都不太敢肆無忌憚的加入自己的意見。儘管如此，在累積經驗的過程中，漸漸也敢說出直指核心的意見。

假設你有一套個人見解，例如，「以這個日程表來做的話，可能會出問題」，就請在草案裡提出這個意見。如此一來或許能讓與會者更進一步討論，「這個日程表確實太勉強，請重新評估」；主管或專家可能也會提供建言：「別擔心，這樣就可以。」

「本專案的目的是這個嗎？」或「我們是不是忽略這個難題？」只要像這樣對重大議題提出自己的意見，或許能深入工作的核心，更上一層樓。而且，表達個人意見也有助於提升自己身為社會人士的能力及工作技能。

田中：「可以給我看妳做的資料嗎？」

林：「好的，請過目。」

田中：「嗯……這份資料確實製作得很精美，但等於什麼也沒說呢。光是說明我們的服務與效果就用了五頁，但客戶想知道的是『貴公司能為敝公司做些什麼？』或許不必花上三頁仔細分析使用者人數減少的事。這種資料很容易變成只有呈現事實。」

林：「可是，只要了解我們能提供什麼服務，接下來不就是讓客戶自己思考『可以用在哪個地方』嗎？」

田中：「照妳這樣說，只要給對方我們公司的服務手冊不就得了。只有那樣做的話，對方不會選擇我們家的服務，所以才要在提案書裡強調『敝公司的服務對貴公司有這些幫助』。重點在於要以什麼樣的架構，一起傳達什麼樣的事實與什麼樣的意見。對顧客說話的時候如此，與主管交談的時候也是如此。」

林：「嗚嗚嗚，有道理……」

田中：「也不必那麼沮喪，這裡只要把大綱和意見拼湊起來就可以。」

林：「把大綱和意見拼湊起來？什麼意思？」

田中：「我們部門不是有慣用的提案書格式嗎？只要依循那個格式製作草案，就不會顯得只有呈現事實而已。格式裡有提出解決方案的頁面，也有呈現難題的頁面。」

林：「原來如此……可是我想不太到理想的解決方案。」

田中：「那只是用來與主管討論的草案而已。別想得太難，先仔細的以架構、事實和意見來做。反正草案就是用來被推翻的。」

令人心動的提案中不可或缺的部分

上一節提到三個重點，但如果只是把「架構」、「事實」、「意見」羅列出來，可能無法得到任何反應。這些只是為了激發反應的素材。為了刺激對方的反應，最後的催化劑、引火點是提案者藏在草案裡的熱情。**沒有靈魂的草案，就無法得到對方強烈的反應。**

假設要思考新服務的企畫案。

即使提出「因為ＩＧ很流行，花兩百萬做個類似的應用程式吧！」之類的方案，倘若無法說明提出這個方案的理由，就無法說服對方。另外，即使草案的大綱很完整，卻沒有提案者的個人意見，就無法在會議上引發熱烈討論。沒有意見的提案，將吸引不到任何意見。

各位是否曾經提出企畫書，卻被主管一口氣回絕：「這不適合我們公司。」、「上面不會通過這種企畫。」。當然，有可能是主管或組織已經停止思考，但我認為也有可能是企畫書中提案者沒有表達出熱情。對方只看一眼，就說「不行」，大概是因為這份資料沒能「打動對方」。

這也是為什麼ＡＩ提供的構想不能直接做成草案。

如果是接觸過各種生成式ＡＩ服務的人，我想應該能體會，（現有的）生成式ＡＩ提供的答案不外乎「根據過去學到的數據提出『最像一回事』的建議」，無論是用語音、文字或圖片輸出的構想或成果，都瀰漫一股「實際上不是這樣」的感覺。很難用ＡＩ的答案借到主管或同事的智慧。

AI頂多只是「草案的草案」生成器，必須再加上自己的熱情，製作成「草案」才行。

然而，我的意思不是要用精神論來表達「熱情」的重要性。

就算是重視合理性及效率的顧問工作，也經常遇到被人類情緒左右的時候。比起顧問老鳥口若懸河的說明，顧問菜鳥笨拙的拚命說明更能打動人心。因此，提案者的熱情是絕對不可或缺的要素。

另外，比起提出草案後說：「算了，就用這個吧？」這樣草草的進行下去，若能以反覆討論、拋點的方式提出新發現，或者衍生意料之外的展開，工作會變得有趣百倍，不是嗎？

林：「熱情啊……。學生時代的我參加社團活動時，也經常被老師罵：『妳到底想不想贏啊？』我好像是那種不容易表現出熱情的體質呢。」

田中：「有這種體質嗎？」

林：「我從未想過可以透過草案表達自己認真的程度！我用紅筆寫上『我喜歡貓，所以一定要讓這個企畫通過！』就能通過嗎？」

田中：「喜歡貓……我好像跟誰討論過這方面的話題，是所謂的既視感嗎……算了，喜歡什麼是自己的意見，但對方可能只會用一句『是喔……』就結束這個討論。唯有肯定或幾近否定的意見，才能炒熱話題喔。」

林：「咦，像是『課長說的話好無聊！』這樣嗎？」

田中：「勸妳不要。因為課長的心是玻璃做的。」

愈拋出否定意見，愈能勾出真心話

只要是人，都「不想被任何人討厭」，所以會避免說出否定的意見，用一些無關痛癢的場面話帶過。不過，**我認為愈是提出否定的意見，愈能讓對方說出真心話**。因為「真相」就藏在對方不想說、不想聽的事情裡。

打個比方，如果故意在草案裡寫出否定意見：「已經有很多企業提供這個服務，現在才要做出差異化嗎？」會有什麼結果呢？

「現在說這些幹嘛」、「你根本什麼都不懂」，像這樣有人會拒絕接受，但或許也有人會因此說出真心話：「嗯，說的也是。」

我自己剛進公司的時候，也曾經天真的提出反對意見：「這個系統是不是有點沒效率啊？」沒想到，主管聽了似乎很滿意。主管其實也隱約察覺「這個系統真的沒問題嗎？」所以樂見我把這個問題提到談判桌上來討論。由此可知，有時候也能透過否定的意見，讓對方說出真心話。

除此之外，**有一些話是站在新人的立場才能說的**。隨著經驗不斷累積，會有愈來愈多的理由讓自己想要踩煞車，例如，「主管已經很辛苦的把路鋪好」、「這時候說不要，萬一得從頭開始討論就太花時間」。但另一方面，新人沒有任何包袱，所以能天真的提出反對意見。希望各位新人能在不被開除的前提下，鼓起勇氣說出自己的意見。

林：「也對。我還是新人，所以可以利用草案提出千奇百怪的意見。像是『為什麼吃完午飯要開會？這樣只會更想睡吧！』」

田中：「嗯……我明白妳的心情。但我認為一定馬上就會有人吐槽妳之所以想睡，是因為只會默默聽別人說話喔。」

林：「嗚嗚嗚，我無話可說……」

四步驟整理自己的思緒

林：「我是不是先製作草案給課長過目比較好？」

田中：「說的也是。我也認為這麼做可以節省後面的作業時間。」

林：「呃，草案的『事實』是指我們公司的服務內容、以及客戶服務的使用者人數減少的事。啊，客戶的競爭對手使用我們公司的服務得到什麼收穫，也是『事實』吧？」

田中：「對。這是很適合當作成功案例加入草案的例證呢。」

林：「再來是『意見』。使用我們公司的服務可以有這麼多好處，就是所謂的『意見』。可以增加多少使用者也是『意見』嗎？」

田中：「我想想……可以增加多少使用者是『推測』，因為不敢保證企業一定可以增加多少名使用者。我建議根據實際的成果，寫成『過去導入這項服務的企業增加三〇%的使用者』。」

林：「不要加入樂觀的推測比較好是嗎？」

田中：「萬一事與願違，要妳負責的話，妳也很為難吧？」

林：「怎麼這樣，我不太懂事實與推測與意見差在哪裡。哭哭。」

田中：「沒什麼好哭的吧（汗）。因為妳一直在腦中思考，才會亂成一團，不如寫下來加以整理。」

我在製作草案之前，**會先在自己的腦中加以整理**。為了整理得條理分明，**我會寫下想到的事，接著再分門別類**。

一開始很容易陷入混亂，認為這也要做、那也要做。「該怎麼製作草案呢？」當思緒一片混亂的時候，透過整理資訊的過程可以找到頭緒。

為了整理腦中的思緒，我會實踐以下四個步驟。如果是善於分析、總是能整理得條理分明的人，不見得需要以下的作業方式。但如果是思考跳躍的人，或是想著想著就不知道自己在想什麼的人，則很適合這種做法。

另外，下面也有可以直接把整理好的資料做成草案、讓草案發揮作用的案例，請務必嘗試看看。

步驟①　使用條列式的整理工具

可以是自己平常就已經在使用的軟體，無論是 Word 或筆記本，甚至直接使用智慧型手機的備忘錄功能也可以。我自己使用的是一款名為 Dynalist 的應用程式。

步驟②　一開始就要寫下目的和條件

請先在備忘錄的開頭寫下「有什麼條件、想讓什麼最大化、最小化、最適化」。例如，「目標是讓客戶服務的使用者人數一個月增加一萬人，而且要用最少的預算達成這個目標」。如果是業務資料的草案，也可以寫下製作時的制約條件，像是「○日後的業務會議上要用，所以期限是星期三，我還有○小時」。

再來，思考想讓什麼最大化或想讓什麼最小化。想盡可能拿下最有利的合約、想用最快的速度完成——像這樣，每個案子應該都有各式各樣的制約條件和目標。請以一目了然的方式寫下那些目的和條件。

為什麼開頭就必須寫出來？**這是因為人很容易不知不覺的忘記製作草案的目的**。

草案本身不會賺錢，與該公司的收益也沒有直接關聯。所有製作資料的工作都是這種性質。正因如此，一定要避免自己忘記為什麼要製作草案，避免把時間浪費在不必要的作業上。請開宗明義寫出明確目的。

寫下不會過多、也不會過少的內容，是整理資料的首要條件。

另外，也必須事先牢記：**做好的草案要怎麼使用，才算拿到滿分**？絕不能偏離哪個主題？為了不要誤入歧途，重點在於寫下自己為什麼要製作草案。

步驟③ 想到什麼，就寫什麼

寫下步驟②的「目的與制約條件」後，再條列式的寫下截至目前蒐集到的資訊和個人意見。也可以每當感到「怎麼會這樣呢」，就先寫下來。總之，請想到什麼就寫什麼。

因為寫草案目的是為了引出對方的反應，我會隨時在腦中存有「若能得到對方這樣的反應，就算是滿分」的念頭。假設要檢討以「提案書的做法」為主題的教育訓練內容，這時的滿分是「參加實習的人感到滿意」和「參加實習的人學會寫提案書」。我會不管順序，想到什麼就寫什麼，整理成下圖的備忘錄。這是在自己腦中用來整理的備忘錄，所以即使內容重複也沒關係。重點在於，就算是主管可能會反對的部分，也要不管三七二十一的寫下來。

備忘錄範例

◎提案書的重要性大約占整體的兩成左右。

◎召開經營決策會議時才需要準備美觀的資料；

提案時只要知道內容在講什麼就可以，美觀與否並不重要。

◎主要目的是過濾平凡無奇的提案、或牛頭不對馬嘴的提案。

◎最好具有能夠看出提案書優點的洞察力和觀察力。

◎「做提案書、簡報、後續追蹤的相關討論」重要性占四成，

排程及金額的部分占四成。

◎優化提案書的觀點。

◎去理解變成立論前提的文章脈絡。

◎討論提案書的內容時，注意公司內部的體制與規範。

◎提案後，本身參與決策的可能性。

◎處理原則、優先順序為「利益↓優勢↓未來性」。

步驟④　架構化

指的是第二章介紹的架構（大綱）。

在步驟③，我們想到什麼就一五一十的寫下來之後，請一邊分門別類，一邊思考要放進草案大綱的哪個部分。這時可以用「空、雨、傘」的方式來思考。

假設出現「抬頭看天空，烏雲密布，看起來快下雨，所以要帶傘」的想法，看起來是極其自然的推論，但是可以再稍加拆解如下：

①抬頭看天空，烏雲密布（事實）。

②看起來快下雨（推測、解釋）。

③所以要帶傘（行動、解決對策）。

三段內容能拆解成「事實、推測、行動」。由此可見，**事實、推測、行動是不一樣的東西，但人們很容易無意識的將其混為一談**。一旦混為一談，就無法邏輯性的架構化。

在製作草案之前，必須先把蒐集到的資訊分成「事實、推測、行動」，加以整理。接著，再適當的用「事實、推測、行動」來製作草案大綱。這時「順序」也很重要。

打個比方，「因為快下雨，所以烏雲密布」讀起來是不是有點奇怪。人們能根據事實來推測，所以事實要擺在推測前面。再配合推測，思考下一步採取什麼行動。不是一下子就直奔結論，而是根據事實、以及根據事實推敲出來可能性較高的推測，引導出有效果的行動。

接下來，請嘗試將步驟③寫的備忘錄分成「事實、推測、行動」來看。

◎提案書的重要性大約占整體的兩成左右。↓**推測**

◎召開經營決策會議時才需要準備美觀的資料；

提案時只要知道內容在講什麼就可以，美觀與否並不重要。

↓**推測**

◎主要目的是過濾平凡無奇的提案、或牛頭不對馬嘴的提案。

↓**事實**

◎最好具有能夠看出提案書優點的洞察力和觀察力。↓**推測**

◎「製作提案書、簡報、後續追蹤的相關討論」占四成，排程及金額的部分占四成。↓**事實**

◎優化提案書的觀點。↓**解決對策**

◎去理解做為立論前提的文章脈絡。↓**解決對策**

◎討論提案書的內容時，注意公司內部的體制與規範。→**事實**
◎提案後，自己參與決策的可能性。→**推測**
◎處理原則、優先順序為「利益→優勢→未來」。→**解決對策**

目前看似還是一盤散沙，所以接下來再以「事實、推測、解決對策」來分組。

事實

◎主要目的是過濾平凡無奇的提案、或牛頭不對馬嘴的提案。
◎「製作提案書、簡報、後續追蹤的相關討論」占四成，排程及金額的部分占四成。
◎討論提案書的內容時，注意公司內部的體制與規範。

推測

- 提案書的重要性大約占整體的兩成左右。
- 召開經營決策會議時才需要準備美觀的資料；提案時只要知道內容在講什麼就可以，美觀與否並不重要。
- 最好具有能夠看出提案書優點的洞察力和觀察力。
- 提案後，自己參與決策的可能性。

解決對策

- 優化提案書的觀點。
- 去理解做為立論前提的文章脈絡。
- 處理原則、優先順序為「利益↓優勢↓未來」。

會分組的話，就能定下提案書的方向，進而也能決定大綱。為了學會架構化，必須接受訓練，有人或許對此不太在行。不過，可以部分借助ＡＩ的力量。在步驟②、③寫下備忘錄以後，再做出「請整理這篇文章，將其架構化」的指示，用來做為進入步驟四的初期素材。再配合閱讀者和條件修正那些素材，就能迅速完成這四個步驟。

田中：「我總是依循這個流程製作草案。這麼一來，對方也更容易提出意見。」

林：「原來如此。」

田中：「一開始就盡量提出各種草案，藉此了解周圍的反應比較好。這麼一來，就能根據經驗法則，了解『提出這樣的意見應該比較容易爭取到贊成票』。只要知道怎麼進攻，就可以擺脫想到什麼就說什麼的菜鳥而升級。你一再的提出草案，可以用來判斷的標準也會增加。」

林：「我在到達這個境界以前就放棄製作草案了，所以我要重新開始。」

田中：「這樣很好。我也會再教妳一些細節和重點。」

加入連接詞，找出「不對勁」之處

大家會有意識的使用「連接詞」嗎？

顧問公司經常會要求「架構、架構化」，但我剛進公司時根本不知道「架構」是什麼意思、怎麼做才能「架構化」。

我剛進顧問公司第一年的時候，前輩對我說：「整篇文章的第一句話都要從連接詞開始。」表示所有文章的第一句都得是「可是」、「而且」、「所以」等連接詞。不僅如此，前輩還告訴我，要把注意力放在上一段與下一段是什麼關係，加上符合脈絡的連接詞。

如果在文章開頭加上「但是」兩個字，表示下面的意見應該與前面的文章相反；如果加上「所以」二字，表示下面的文章將解釋原因；如果是「舉例來說」，後面則要接上具體的例子。要是在「舉例來說」後面陳述意見，應該會覺得怪怪的；要用「舉例來說」，後面就得接上例子才自然。像這樣意識到連接詞，就能判斷是否架構化。

有趣的是，每個人慣用的連接詞都不一樣。

根據我截至目前的觀察，大致可以分成動不動就使用「可是」的人、「所以」的人、「舉例來說」的人。如果是由滿腦子都是「所以」的人製作草案，開會時通常會出現很多反對意見。因為滿嘴「所以」的人，通常在製作草案的時候就認定「所以會變成這樣」、「所以是那樣」的結論，卻沒有考慮到反對意見。這時便需要「可是」的人來糾正他的草案。另一方面，常把「舉例來說」掛在嘴邊的人，即便知道很多具體的例子，通常卻想不到「對某位客戶是這樣沒錯，但其他人呢？」

由此可知，一個人的思考方式會傾向於他頻繁使用的連接詞。

為了寫出恰到好處，含有各種連接詞的故事、架構，最好也要把注意力放在別人用的連接詞，吸收、內化成自己的東西。一旦能精確的分開使用連接詞，就能拓展自己的思路，架構也不會跑掉。

順帶一提，寫作時其實最多的是「沒有」連接詞的人。即使想要加入連接詞，卻不知道該怎麼把文章接起來的人，也不在少數。

舉例來說，請在「市場規模為兩千億日圓」與「我們該做的是……」這兩句中間加入連接詞。很多人根本不曉得該加入什麼連接詞才好，發現「加入『所以』也怪怪的，又不是因為這樣，所以才想做什麼」，或者「加入『可是』就變成否定句，但兩千億日圓的規模其實很大耶」。

要加入什麼連接詞才能表達自己想說的話呢？話說回來，自己到底想說什麼？因為要思考這些問題，加入連接詞其實不是一件容易的事。

說明「市場規模為兩千億圓」與「我們該做的是……」時，我們必須先思考，為什麼會這麼想呢？背後難道沒有原因嗎？如果是因為「敝公司的營業額不盡理想，所以只能進軍這個市場」，這就是沒有說出來的「隱藏前提」。

為了留意到這一點，就算有點勉強，也要嘗試加入連接詞，思考自己為什麼會覺得不對勁，**找出隱藏前提，搞清楚真正想主張的事。**就算「不知道該用什麼連接詞」，也先加入想到的連接詞再說。藉由加入連接詞，自然就能留意到文章不自然的脈絡，重新捕捉隱藏前提，讓故事或架構變得更明確。所以，請有效的善用連接詞。

想徵求對方意見，不妨指名道姓

想徵求對方的意見時，**具體的指名道姓也是個好方法**。

例如，在草案寫下「開發部認為這個日程表沒問題嗎？」之類的問題。如果需要董事長裁決，也可以在草案裡寫下「掌管這個流程的是〇〇先生嗎？」也可以更直接的寫下「請問〇〇先生同意這個構想嗎？」詢問大家對於構想的意見。

如果直接寫進草案讓你不放心，也可以貼張便條紙，或是在草案裡加一張紙，指名「請〇〇先生確認」。

只不過，身為新人，要指定別人回答的門檻很高。所以比起寫在草案裡，新人不妨直接向主管或前輩尋求建議：「我想請〇〇先生確認草案，請問該怎麼做才好？」

田中：「啊，如果是要給課長的草案，就不用再寫上『請問課長有什麼意見』。」

林：「我正打算這麼說……」

田中：「想指名特定人士回答，等於表示『我不清楚這件事』。我認為，菜鳥就不妨直接告訴對方『這件事令我很煩惱、很痛苦，我真的不知道』。如果是寫提案書，大概是『以我的立場來看，不是很確定客戶的需求』吧。」

林：「是的。」

田中：「說得誇張點，像是『我以日本市場為前提思考過，但我不知道是否要擴大思考到全球市場的規模』。草案的理想用法就是與團隊一起討論這個問題。」

林：「可是，如果說我不知道，不會讓人覺得我的工作能力很差嗎？」

田中：「才沒有這回事呢。理解自己知道什麼、不知道什麼，是非常重要的事。最怕的是明明什麼都不知道，還自以為『我什麼都會、我什麼都懂』。這樣很容易停止思考，這種人才是工作能力很差的傢伙。」

林：「這樣啊……。那麼從今天起，我會大膽表示自己的煩惱或不懂的事！像是我每天都為便當的菜色煩惱！」

田中：「這個麻煩請妳自己思考。」

寫完草案後的七個檢查重點

林：「對了，有沒有什麼資料最好不要放進草案裡？」

田中：「我認為，最好不要在製作草案的階段就決定要不要放。如果主管認為『不要加入這些資料比較好』再拿掉就好。」

林：「原來如此。說的也是。」

田中：「基本上，凡是想照抄的資料，最好全部放進去。如果要製作公司簡介，像是『沿革』、『創立時間』、『資本額』這種每家公司簡介都會寫的內容，一定要放進去草案比較好。偶爾會出現一些新人，因為不知道為什麼要放某些資料進去，擅自判斷刪除。就算不知道，也還是放上去，絕對比較好喔。」

林：「也就是說，提案書格式裡有的資料，最好都放上去嗎？」

田中：「沒錯。那就來製作草案吧。」

根據我的經驗法則，能製作出好草案的人，在我過去一起共事的人中，大概只占五%。不是位高權重的人就能做出好的草案，所以跟地位無關。

不好的草案指的是既沒有事實也沒有意見，只是放上開會時講到的內容而已，看起來再美觀，內容也很空洞。不過，任何人一開始都無法做出好的草案，而是在累積經驗的過程中掌握訣竅。即使一開始無法從對方身上得到自己想要的反應，請各位也不要妄自菲薄，認為「我沒這個本事」。

請容我再重複一遍，好的草案＝能讓對方產生反應。

為了整理截至目前的內容，我列出一些檢查重點。請參考這些檢查重點，以製作出好的草案為目標。

檢查重點① 是否運用五大要點？

請再檢查一次，是否已經掌握第二章所介紹草案五大要點的基本概念。

檢查重點② 是否加入自己的意見、熱情？

請檢查五大要點中的「刺激」。

如果只在市場調查的報告書裡陳述「市場規模為〇〇〇億圓」、「購買客層以三十多歲的人為主」等事實，對方大概會反問：「所以呢？」

現況一定要跟自己的意見並陳。比方說：

「市場規模為〇〇〇億圓，因此現階段已經呈現飽和狀態。」

「購買客層以三十多歲的人為主，因此應該多爭取一些年輕的客層。」

唯有這樣告訴對方，才能變成「屬於自己的草案」。

檢查重點③　是否加入足以成為核心的問題？

這裡檢查的是五大要點的「提問」。

如果先在自己的心裡下結論，不加入可以繼續延伸的問題，對方的反應也會很冷漠。

「因為我喜歡貓，敝公司也來開貓咪咖啡廳吧！」光是這樣說，你的邏輯等於只完結在私人興趣的世界裡。

「要怎麼讓貓咪咖啡廳在日本普及呢？」但如果加入足以成為企畫核心的問題，就能讓構想拓展開來。

檢查重點④ 是否適度把事實、推測、意見分開？

以銷售策略的草案為例，「營業收入一年×億圓」、「去年比前年增加五〇％」是【事實】；「市場應該還有需求」、「這裡可能已經到盡頭」是【推測】；「想加強紙媒的宣傳」、「該如何與其他公司合作？」是【意見】。

如果不把事實、推測、意見分開，而是「去年比前年增加五〇％，所以應該與其他公司合作」這樣混在一起，看草案的人也會感到混亂，

「這是誰的要求？這個意見是從哪裡來的？」

檢查重點⑤ 抽象與具體的比例是否恰當？

「抽象的內容」與「具體的內容」相比，沒有誰比較好的問題，重點在於取得平衡。舉例來說，思考策略時，只提出「進攻藍海」的大方向會過於抽象，「我們的策略是一天要去△△這個地方〇〇次」則過於具體。

「抽象」是以模糊的概念來說明；「具體」則是根據資料或數字等【事實】來說話。讓雙方取得平衡，將更有說服力。

如果不習慣製作草案，很容易流於抽象。想傳達大致上的印象，並不是一件壞事，但若不能逼近核心，就無法推動具體方案。為了避免這種狀況發生，必須調查【事實】，加入查到的訊息，讓討論變得更具體。

檢查重點⑥ 觀眾是否輕鬆理解架構？

檢查五大要點中的「簡單」。制定架構的大原則就是不要標新立異。構想本身標新立異是好的，但架構如果不夠簡單，就無法傳達關鍵的內容。

或許有人認為「草案得出奇制勝才行」。例如，用比較大的粗體字來強調，還有人會以紙偶戲的方式來製作草案。然而，單憑「標新立異的呈現方式」無法讓企畫過關，觀眾無法以內容做判斷就沒有意義，所以請特別注意。

檢查重點⑦ 是否內容流於「空洞」？

剛進公司時，即使交出沒有內容的草案也無所謂。可是，一旦累積一定程度的社會經驗，應該多少會有自己的意見，平常應該也會累積一些疑問。為了用草案引出對方的意見，必須先提出自己的意見，否則什麼也得不到。

學會做草案的林小姐檢查完七個重點，完成草案，交給課長。聽說，課長稱讚：「終於能靠自己的構想提案了。」於是她繼續與課長討論，確認要交給客戶的提案資料應該怎麼做。

當林小姐向我報告：「把這份資料交給客戶時，不曉得客戶會有什麼反應，真令人期待！」臉上充滿自信的笑容。

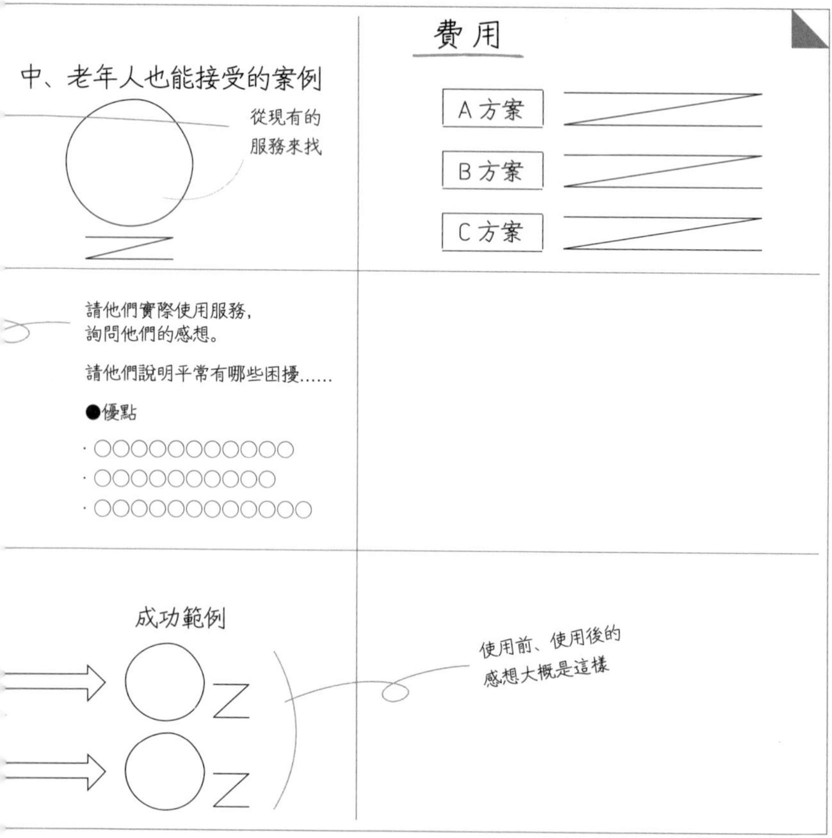
中、老年人也能接受的案例
從現有的
服務來找
費用
A 方案
B 方案
C 方案
請他們實際使用服務，
詢問他們的感想。
請他們說明平常有哪些困擾……
●優點
·○○○○○○○○○○○
·○○○○○○○○○○
·○○○○○○○○○○○○
成功範例
使用前、使用後的
感想大概是這樣

林小姐製作的草案

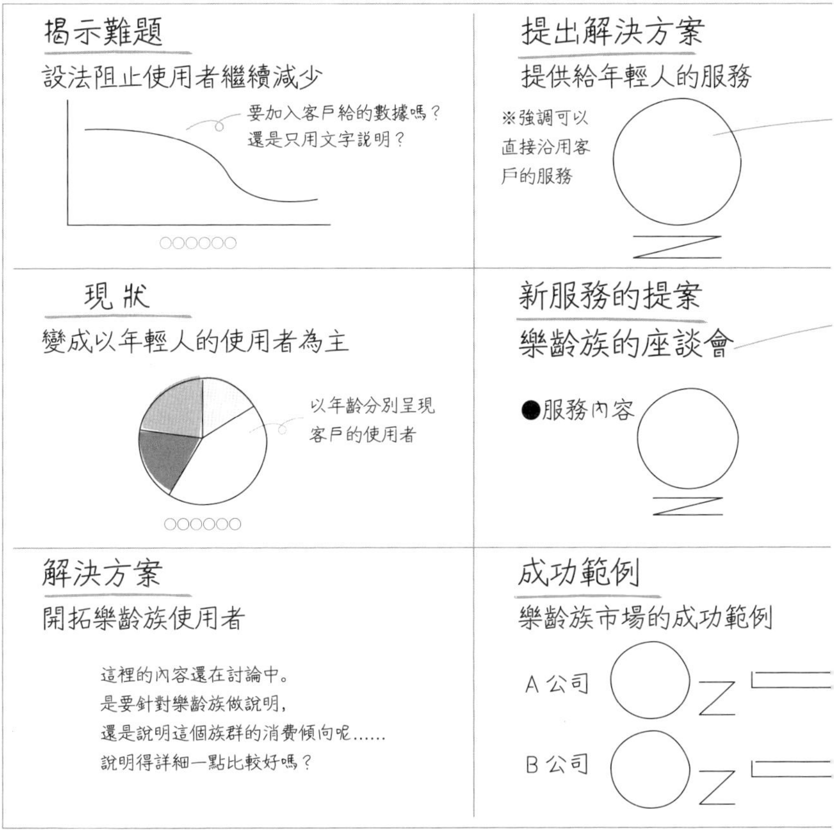
揭示難題
設法阻止使用者繼續減少
要加入客戶給的數據嗎？
還是只用文字說明？
○○○○○○
提出解決方案
提供給年輕人的服務
※強調可以直接沿用客戶的服務
現狀
變成以年輕人的使用者為主
以年齡分別呈現客戶的使用者
○○○○○○
新服務的提案
樂齡族的座談會
●服務內容
解決方案
開拓樂齡族使用者
這裡的內容還在討論中。
是要針對樂齡族做說明，
還是說明這個族群的消費傾向呢……
說明得詳細一點比較好嗎？
成功範例
樂齡族市場的成功範例
A公司
B公司

第 4 章

善用草案，打造最強團隊

團隊感情不好，也能順利推行工作的方法

顧問公司經常從草案開始，最後與團隊的伙伴們一起寫成專案報告書。製作過程中反覆的「建立假說，進行驗證」，有時候出現贊成的意見，也會出現反對的意見；有時候甚至討論到吵起來，懷疑「這個專案到底行不行啊？」

儘管如此，**團隊愈認真的討論草案，愈能成為往同一個目標前進的強大集團**。主詞也會從「我」變成「我們」，產生一支隊伍的整體感。

只不過，能不能產生一支隊伍的整體感，與團隊成員的感情好不好

的關係不大。即使由感情不好的人組成一隊，也能藉由火花四射的討論，讓工作順利進行；相反的，也不乏團隊成員感情太好，為了保持彼此友好的關係，最後反而鬧到不歡而散的例子。

在運動界，經常可以聽到「日本人一到團體戰就能發揮實力」的說法；另一方面，也有「日本人是不是不擅長打團體戰啊？」的相反意見。以團體競技的足球為例，即使已經到賽點，卻還是欠缺臨門一腳，或許是因為選手的個性被磨平，沒有出現具備壓倒性實力的前鋒。日本隊就算是足球也比較重視傳球，希望所有人都能踢到球，相較於國外的隊伍，如果是負責持球的人，甚至很少靠近球門。我猜，「ＷＥ」在日本的定義可能是「一群人」，在國外的定義則是指一群「個人」。

另外，即使是團隊內部的溝通，日本人也比較重視同質性。儘管認為溝通很重要，仍然深怕硬碰硬；傾向於與其他人持相同的意見，不同意見的人會被視為異類，受到排擠。因此養成不敢表達自己的主張，為了不惹事而忖度、附和的習慣。

哲學家出口康夫教授說過：「如同我這個人有好有壞，ＷＥ也有好有壞。好比對外採取排外主義，對內有歐威爾筆下反烏托邦這種同儕的壓力，就是壞的ＷＥ的典型範例。」

很遺憾的，日本的ＷＥ，可能通常是壞的ＷＥ。

為了變成好的ＷＥ，必須請草案助我們一臂之力。表面上感情融洽的團隊一旦起爭執，可能會瞬間打壞關係。**用草案認真討論的團隊，應該會成為不管發生什麼事都能不為所動的堅強團隊**。

希望各位能利用草案，打造持續演化的團隊。

無法利用草案展開討論的原因

「草案」的日文是「たたき台」；這個字的語源，是來自鍛造時用來讓金屬成形的「底座」。**它被引申為透過多次討論和修改，逐步完善想法或計畫的初步草案**，就像鐵匠製做鋒利的刀劍一樣，以鐵鎚不斷敲打燒得火紅的金屬，使其成形。

為了打造出鋒利的刀刃，工匠的技術甚為重要，因此有人稱之為「鍛造」，而非「敲打」。視「たたき台」不是「敲打」，而是大家一起「鍛造」的工具，這或許會改變大家對於草案的既有印象。

好不容易做出草案，如果沒有引起熱烈的討論就派不上用場。

如前所述，之所以討論不起來，可能是製作草案的方法有問題。然而，也有可能是提出草案後，團隊卻毫無反應。下面帶大家思考問題可能出在草案以外的什麼地方：

原因① 成員的從屬關係太牢固

如果團隊裡的從屬關係太牢固，就會陷入忖度的漩渦，討論不起來。判斷草案好不好是主管的任務。既然如此，部下只能遵從上司的判斷。不是討論，而是變成傾聽主管的意見。

原因② 受制於不想出風頭的文化

聽說時下年輕人逐漸有這種傾向，不想出風頭的人愈來愈多。不願在討論的場合因為說出不合時宜的話，害自己丟臉。

一旦團隊裡這種人太多，就會觀察彼此的臉色，完全變成旁觀者：

「有沒有人願意發言啊！」

原因③ 對工作和組織漠不關心

對草案說些敷衍的評論：「這樣就可以了吧。」或是提出否定對方人格等全面肯定或全面否定的反應，這些其實都是漠不關心的表現。這種態度並非打從心底覺得好，而是「什麼都好，我無所謂」的立場。

之所以覺得不行，也是因為「那個草案通過的話，我會很麻煩」。不把自己當成「團隊的一員」，而是「團隊是團隊，自己是自己」這樣事不關己的狀態。

原因④ 沒有負責引導的人

雖說必須打磨草案，卻太講究細節：「插圖太多，能不能把版面做得簡單點？」亦即陷入「吹毛求疵」的討論。此外，也經常扯到完全無關的事：「前陣子我在網路上看到……」有些團隊會針對與原來無關的論點，討論得不亦樂乎。

之所以變成這樣，要不是團隊還不習慣討論，就是沒有決定好要由誰來引導，也就是沒有為了讓討論順利進行而幫腔的人。

原因⑤ 不想承擔責任

「對說出去的話負責」這句話聽起來毫無問題，但如果太過強調這一點，討論時的發言內容可能會在事過境遷後被拿出來針對。一旦出事，就會瀰漫著獵巫的氣氛。這種團隊會變得「最好什麼都別說，以策安全」。

原因⑥ 出現負面思考

大部分的組織或許都有這種毛病。

提出草案卻遭到批評及不滿的猛烈攻擊，像是「完全不行」、「這個可以拿給客戶看嗎？」或許提出嚴格的意見是基於想鍛鍊對方的目的，但如果不是出於善意，單純就只是職場霸凌。這麼一來，再也沒有人想提出草案。

假如各位站在組長的立場，發現自己的團隊有以上問題，就算只有一個，也應該立即設法改善。

另外，如果處於無法率先改變隊伍的立場，請先試著積極的參與討論。只要能稍微改變當下的氣氛，周圍的人應該也會受到感化。

提案時如何被批評也不難過

製作草案的人可以要求團隊的所有人表示意見，但不能全部交給主管或引導者。要提醒自己，隨時掌握討論的主導權。

「目前其他公司增加這項服務，所以我認為我們也可以走這個路線。」

「雖然跟開會時的意見不一樣，但這是市場調查後的結果。」

像這樣，**先說明自己為什麼要製作這份草案，讓大家知道討論的原因與流程**，這一點很重要。

大家都不願意出主意時，不妨主動徵求意見：「這裡我有點不知道該怎麼做，請問你覺得呢？」、「這裡我想不到好主意……請問你有什麼想法？」如果能發揮五大要點的「提問」更好。

一旦大家開始表達意見，若能肯定對方，向對方表示感謝之意，例如，「這個構想好有趣啊！」、「我都沒想到呢」，或許就能得到更多意見。

即使得到負面的意見，也不要著急。不妨部分接受對方的意見，例如，「有道理，這裡確實有點薄弱」。請反覆在心裡默念「被糾正的不是自己，而是草案」這句咒語。千萬別忘記，對方不是在指責你。

如果有人提出全盤否定的意見，告訴自己，「可能只是因為他今天心情不好」，最好別放在心上。聽到負面的意見肯定不好受，但是請不要覺得「自己被批評」，而是要認為「我引出批評的意見」。只要能引出對方的意見，這份草案就算成功。

「批評」比「創造」來得簡單許多。更何況，人類本來就是喜歡批評別人的生物。若能引出批評，就能接到下一個議題：「那麼，請問該怎麼做才好呢？」無論再苛刻的意見，都要向對方道謝：「感謝你的意見。」

自己的構想如果不被批評就能通過，固然可喜；但是，讓草案變成更有趣的構想，才是討論的真諦，即使蛻變的過程多少伴隨著痛苦，製作草案的人在傾聽周圍的意見時，也可以想到其他構想。像這樣互相給予刺激，會議才算成功，製作草案的作業也會進行得很順利。

身為組長的人，必須做好引導的工作，協助製作草案的組員。要是組長說出批評的意見，團隊其他人也可能淨是說些批評的意見，所以除非有非常嚴重的問題，基本上不要提出負面意見。相反的，讚美草案會很有效。再小的事都無所謂，找出優點，有助於提升團隊成員的士氣。

不過，別忘了引導時要盡量減少個人的意見，主要是在彙整大家的意見。

還有，**組長絕對不能強硬的引導到自己想要的結果**。一旦強硬的引導到自己想要的結論，成員可能會覺得「結果還是組長想怎樣就怎樣」，打擊製作草案的士氣。

不能讓會議室變成只有身分地位較高或優秀人才的意見才能通過的場所。組長不能替每個人的構想區分優劣，而是要表現出「每個構想都值得尊重」的態度。

不知道該怎麼引導時，交給專業人士也是一個好方法。不妨請專業的引導者來主持會議，可以花一至二小時來嘗試，應該能從對方身上學到很多主導的方法和技巧；也可以請公司裡的引導者（或擅長主持會議的人）參加會議。

運用草案進行討論的九個技巧

開會時能否討論熱烈，全看引導者的功力。引導者為了讓所有人都能適度的放輕鬆，會隨時提醒自己照顧好與會者的情緒。**不要面露難色，要露出笑容等**。另外，無論是製作草案的人，還是身為組長的人，都要營造出能讓大家想討論的氣氛。

◎一開始就說清楚、講明白（難度★）

在會議一開始就明確說出目的：「今天要討論這個主題。」這個方法很簡單，任何人都會。

也可以在白板上寫下主題，讓討論就算離題也可以再拉回來。

◎每次都要確認遊戲規則（難度★）

後面我會再說明要制定什麼遊戲規則。

總之，每次開會都要先確認遊戲規則。想讓對方暢所欲言時，可以催促對方：「什麼意見都沒關係，請先發言。」每次都要強調這一點，將它好好深植於對方的意識裡。

在從屬關係較牢固的團隊裡，必須請地位比較高的人或權限比較大的人理解，每個人都有發言的權利。不知道為什麼，認為「自己很偉大」的人，容易自以為可以不遵守遊戲規則。

明明有「不能做人身攻擊」的遊戲規則，卻仍有一定比例的人會不以為意，說出「〇〇先生啊，製作草案的方法總是很粗糙呢」這種傷人的話。

因此，每次都要再次確認「與立場無關，大家都要遵守遊戲規則」的原則。

◎營造輕鬆平等的氣氛（難度★★）

如果沒有任何人都能暢所欲言的氣氛，討論就會流於表面。因此，請直呼與會者的名字，或盡量不要在稱呼對方時加上職稱或頭銜。光是開會時不要讓稱謂拉開彼此的距離，就能營造出輕鬆平等的氣氛。

有時候可能有人過於起勁，說出失禮的話。但是請務必保持打橄欖球的 No side 精神（一旦戰爭或比賽結束，就要互相肯定彼此的表現），誰也不許記恨。

開會時，希望身為主管的人無論聽到多少失禮的話，都不要以人事考核的分數來報復。

扮演第一隻企鵝的角色（難度★★★）

都沒有人要出主意的時候，需要有人不顧一切的打破僵局。沒有人發表意見的時間拖得愈久，其他人就愈不敢說話。這時，製作草案的人也可以扮演第一隻企鵝的角色。

像是提出在製作草案的階段已經剔除的構想，「我也想過諸如此類的方案」。明知大家可能會拒絕，仍然故意提出這個話題。等大家說出「不不不，那個行不通吧」、「絕對不行」，當下的氣氛就會改變。只要能在會議室裡製造一點小衝突，第一階段就算成功。假使衝突只是一閃即逝，可以再問大家：「那麼，這個方案如何？」如此一來，其他人就會開始提出意見：「是不錯，但總覺得不夠力。」

這個方法需要發動攻擊且不被發現的演技。而且周圍的人可能會誤以為「這傢伙什麼也不懂」，是難度很高的方法。不過，說不定能因此與懂你的人變成盟友。

◎整合意見（難度★★）

引導者有時候也必須整合意見。

討論時，有人會單純的針對草案提出意見，也有人會對提出草案的人抱有惡意，故意攻擊提出草案的人。如果是後者，把理智與情緒分開來看，則是引導者的使命。

可以對變得情緒化的人說：「看在○○的眼中，請問這個草案有您覺得還不錯的部分嗎？」刻意將他的注意力引導到好的那一面。千萬不要煽動對方：「既然如此，敢問您有什麼想法？」就算想製造一點小衝突，也不要採取這種事後會留下禍根的方法。

另外，很重要的一點是區分大家提出的意見是【事實】，還是【推測】？小心別讓原因和結果混在一起，讓「因為發生A，才會變成B」的因果關係倒過來。

◎讓人看到對立軸（難度★★★）

對立，不一定會演變成衝突。開會時，大致會區分為兩種情況：不是順著草案展開討論，就是反對草案，修正軌道。

討論時如果不知道這個與那個差在哪裡、不知道哪個前提跑掉，就只是提出各自的意見而已，這樣不算是討論。此時要呈現對立軸，例如，「開發部目前對時程表有些疑慮，營業部則不想錯過這個銷售機會」。

如此一來，就能繼續討論下去：「該以哪邊的意見為優先呢？」、「有沒有能讓兩邊都滿意的方法呢？」利用白板等工具寫下難題或疑問，比較容易釐清論點，讓討論更加熱烈。

◎製造連結，加以引導（難度★★）

我稱這種方法為「拉輔助線」。

大家一定學過數學，輔助線是指題目的圖形裡沒有，但為了證明，自己加上去的線。換句話說，大家開會的時候好像在各說各話，但只要有些許共通點，就能用一條肉眼看不見的線把那些點連起來。

將討論整理成「A先生和B小姐在這個地方說出同樣的看法」、「大家說的好像都不一樣，但其實某部分是有共識的」等。光是說大家提出相同的意見，就有增加團結的效果。

另一方面，做出「C先生剛才的發言與現在的討論有關嗎？」的引導，也能幫助對方整理腦中的思緒。「D先生在前陣子的會議上提出來的意見與這個草案的構想可能有點重複」，像這樣連到過去的事也不錯。

◎促使對方提出替代方案（難度★）

要是一味的對草案提出「嗯……這樣好嗎」之類的反對意見，會議室的氣氛會變得劍拔弩張。這時候，可以見縫插針的向提出反對意見的人尋求替代方案：「請問有什麼其他構想？」

不過，如果這樣做淪為不成文的規定，就會有愈來愈多人變成「什麼也不說的石像」，所以引導者只要在心裡偷偷決定就好。

我猜，即使想促使對方提出替代方案，很多人可能也一下子答不上來。不過，多問幾次，大家就會慢慢學會先準備自己的想法，開始踴躍發言。

◎事先疏通（難度★）

突然在會議上提出草案，說：「來吧，來檢討吧！」大概不會有人馬上就能提出意見。

當你預料事情可能會變成這樣前，請事先將草案發給團隊的每個人。事先告訴所有人：「希望在明天的會議上，大家能針對這個草案提出建議。」大家就會在開會前準備好自己的意見。

即使製作草案的人只有事先與主管商量：「我打算提出這樣的草案。」也能營造出便於討論的氣氛。

給成員看草案時，在「事先與○○課長討論過……」的前提下開始進行討論，我想大家就無法視而不見。

建立「心理安全感」的草案討論法

卡內基美隆大學的安妮塔·威廉姆斯·伍利進行過衡量「集體智慧」的實驗。所謂的集體智慧，是指「集合眾人的智慧，創造出更優秀的智慧」的想法。與第三章提到的「集體知識」是同樣的意思。

在這個實驗以前，一般認為團隊裡有個能力比較好的人，團隊產值會比較高。然而，實驗結果顯示，個人的頭腦優劣或能力高低對整個團隊的成績沒有太大影響。反而是團隊裡有個「社交敏感度」比較高的人，產值會比較高。在特別優秀的團隊裡，**全體成員的發言比例都差不多**。

可見只有少部分人自說自話的團隊，產值較低。

另一方面，所謂社交敏感度，則是指「從別人的表情解讀其情緒的能力」。對於重視協調性、擅長察言觀色的日本人來說，無疑是個好消息。只要利用這點來討論，或許就能組成最強團隊。

這項實驗的結果，正是善用草案的團隊所追求的榜樣。如果無法利用草案展開熱烈討論，請試著讓團隊所有人都知道這個實驗，也能有效的委婉制止地位比較高的組長單方面自說自話。

同時，這項實驗也導出備受矚目的「心理安全感」的概念。所謂心理安全感，是指在組織裡對誰都能放心的發表自己的想法或心情。這也表示不管對誰說什麼，都不會遭到拒絕，也不會受到懲罰，可以自在表現出自己脆弱的一面。

Google自二〇一二年起，花了大約四年時間調查產值較高的團隊具備什麼條件，命名為「亞里斯多德計畫」。透過這個計畫，它們得知如果團隊具有心理安全感，將有助於做出決策、勇於挑戰、提高產值。

討論草案的時候，正是絕佳的場合來提供心理安全感。因此，請務必與團隊一起先用草案來提企畫。

如同開會討論時要設定遊戲規則，**為了提供心理安全感，最好也設定規則**。例如，訂立以下的規則：

- 可以批評草案，但不能人身攻擊。
- 拒絕「完全不行」、「全部重做」這樣全面否定的說法。
- 拒絕接二連三說出「不可能」、「我不要」、「沒用的」這種負面的詞彙。
- 拒絕爭功諉過。

◎拒絕冷嘲熱諷。

如果淨是一些「這也不行、那也不行」的規定，也會讓會議室的氣氛變得沉悶。所以，要加入一些可以「做什麼」的規則：

◎請試著讚美草案，就算只有一點也行。
◎至少每個人輪流嘗試發言一次。
◎即使發言偏離主題，也沒關係。
◎開完會後，要保持 No side 的精神。

每個人都要輪流發言的時候，不是所有發言都能達到被採用的水準，可能反而蒐集到一大堆派不上用場的意見。即便如此，只要其中有一個出色的意見就好。至於會得到出色的意見，抑或派不上用場的意見？不讓對方發言是不會知道結果的。**光是請對方發言，就深具意義**。

另外，需要什麼遊戲規則，也會依團隊的年齡結構與過去背景而異。請配合自己的團隊狀況調整規則。等大家習慣討論後，就可以解除規則。

領導者先做這件事，大幅提升討論品質

我負責某家企業時，曾經建議率領團隊的課長：「請每天強調一次：打草稿的人最了不起！」

光是這樣做，就能大幅提升草稿與討論的品質。在學會製作草案或活用草案的方法以前，請先打造這樣的文化。各位領導者請務必讓團隊的成員知道「製作草案的人最了不起」。為了讓大家都能勇於提出草案，這一點比什麼都重要。

還有，我希望團隊都能有以下的共識：「草案的構想完成度」不等於「能力或人格的完成度」。這一點在提升心理上的安全感也很重要。新進員工無法做出完美的草案、提不出優秀的構想，是再自然不過的事。協助他們、幫助他們成長，也是周圍同事的任務。

不管是進公司第一年的菜鳥，還是第五年的老鳥，製作草案的流程都一樣。

新手第一次提出的草案裡，其構想可能只有零分的品質。但是集合大家的力量，做到一百分，也是製作草案的醍醐味。

我曾經在氣氛非常險惡的團隊裡擔任過引導人。那個團隊的成員全是充滿幹勁、能力也很好的專業人士。乍聽之下很完美，但每個人的自尊心都比天還高，在會議上只會堅持自己的主張，「我認為是這樣！」、「我認為是那樣！」整個團隊互不相讓，好比一盤散沙。

我身為引導人，在討論時拚命的拉輔助線，整理談話的內容。

即使團隊的氣氛再險惡，只要稍微下一點工夫，也能改變氣氛。即使是氣氛緊繃的環境，只要整理、銜接、累積討論的方向，就能改變與會者的想法。既然好不容易「組成一隊」，**就不要放棄利用這個團隊**。

假設一個人能提出一個構想，兩個人就能提出兩個構想。**隨著團隊的人數愈多，構想也愈多**。只要好好打磨這些構想，絕對比只有一小撮人的想法更能讓構想演化。

如果是剛組成的團隊，請先重視構想的「量」而非「質」。只要量增加，品質自然也會跟著提升。

由組長自己製作草案，與部下徹底討論。藉由讓大家看到自己捨我其誰的榜樣，其他人就更容易提出草案。

第 5 章

寫好草案，小兵也能翻轉職場

改變世界的關鍵是「且戰且走」？

幾年前開始，「設計思考」這個字眼經常被使用在商業界。**設計思考指的是利用設計師或創作者思考時的邏輯，藉以解決問題**。設計思考的概念源自美國的設計學校，在世界各地廣為流傳。

說是設計學校，倒也不是抱著素描本寫生的美術學校。設計也有「規畫、計畫」的意思，也有學校是專門教人建立新的商業模式，或是用來解決問題的創新方法。戴森的創辦人詹姆士．戴森及Airbnb的共同創辦人，都是畢業自設計學校。戴森那款劃時代的氣旋式吸塵器，大概就是從設計思考應運而生的。

愈來愈多歐美的頂尖企業喜歡將管理階層送進設計學校。也有專家主張，已經從ＭＢＡ（企管碩士）變成ＭＦＡ（美術碩士）的天下。

設計學校在歐美之所以備受矚目，是因為大家開始注意到，單憑商學院學到的知識是不夠的。商學院可以取得ＭＢＡ，但是那裡是以學習邏輯性思考或解決方法為主。例如，利用ＳＷＯＴ分析來看自家公司的優勢和弱勢、利用名為ＭＥＣＥ的架構來蒐集「沒有遺漏、沒有重複」的資訊。如果使用這些架構，會在製作新產品時，設計出「你喜歡白色，還是黑色？」、「喜歡白色的人請從以下項目中選擇喜歡白色的理由」的問卷。再根據「因為喜歡白色的人比較多，這個產品最好做成白色」的數據來導出結論。有數據，就能增加說服力，「既然如此，就做成白色」在企畫會議上也比較容易過關。

只不過，其他公司也會採取同樣的方法與架構進行問卷調查，得到相同的結論。

相較於在商學院學到的是把事物塞進「架構」裡思考，**設計思考則是試圖找出「架構外」的東西**。就像世上有人「不喜歡白色，也不喜歡黑色，只喜歡灰色」，有很多人是基於「雖然喜歡白色，但理由是因為以前喜歡的人經常穿白衣服」的感情，沒有正確回答問卷上的題目。

察覺到這些隱情，思考出更人性化的設計，就是設計思考的目標。

設計思考主要依以下五個步驟進行：

①觀察、共鳴。

②定義。

③概念化。

④試作。
⑤測試。

本書不是設計思考的書，所以省略細節。坊間有很多與設計思考有關的書，有興趣的人可以買來閱讀。

下面請各位把焦點放在④試作，也就是製作樣品的步驟上。

設計思考認為，與其花幾十個小時煩惱，直接做個樣品來看還比較重要。樣品可以做成翻頁漫畫，也可以用面紙盒做成勞作。比起光在腦海中思考，**先弄個樣子出來看看，可以有更多發現**。然後，再給其他人看自己做出來的樣品。藉由請託別人檢視有形的樣品，可以得到更具有建設性的意見，例如，「再加上這個功能或許也不錯？」、「似乎能做得更輕薄短小一點？」

由此可見，一邊思考一邊動手做，一邊蒐集別人的意見，進而創造出前所未有的產品或服務，這就是樣品的效果。

也可以蒐集資料或數據，從邏輯性的角度來思考。但如果不了解思考方法，或是沒整理好問題的話，就會非常困難，遲遲無法前進。然而，一直原地踏步也不是辦法，所以即使還不知道結論或正確答案，總之，先動手再說，可能找到以前沒想過的「架構外」靈感。

不想被ＡＩ取代，你需要真正的企畫力

顧問公司或外資型的企業經常用到「急就章」（Quick and Dirty）一詞。是指「完成度不夠高也沒關係，總之快一點」的意思。比起深思熟慮，再做出完美的資料，在稍具雛型的階段先請別人過目，如果有什麼認知上的差異也能馬上修正，這樣做比較有效率。

有一種只要三秒鐘就能整理資料的網站，由ＡＩ製作，只要輸入關鍵字，瞬間就能做成三、四十頁有模有樣的資料。生成圖片或生成文章的ＡＩ陸續被開發出來，掀起「插畫家或設計師會不會失業？」、「連論文都能幫忙寫」的話題。各位聽到這方面的話題，或許會覺得「只要利用這些網站，不就能輕而易舉的生出草案嗎？」但製作草案可沒有這麼簡單。

為了引出其他相關人員的反應，激發其他人的士氣，**有沒有理解對方的期待是比「製作草案」更重要的事**。唯有讓對方看到草案，請對方回答「為什麼這一頁要寫出這件事？」、「為什麼這個項目要花三頁來說明？」等問題，才有辦法繼續討論下去。

草案是在自己的腦海中整理，將對方的期待化為有形的東西。不是只輸入關鍵字就能解決的單純問題。

用ＡＩ可以製作出「類似草案」的初期方案，但那只是結構很完整的東西，裡頭沒有製作者的【意見】或【事實】。也沒有【熱情】或【刺激】。

就算能用ＡＩ做出草案，也只不過是「類似草案的東西」，還很難進入討論的階段。初期方案確實有機會變成具建設性的靈感來源。但至於能否引出對方的反應，成為好的草案，則又另當別論。

草案必須藉由加入其他人的意見，發展成起初沒想到的構想，才會有趣、才有價值。

當然，到了完成品的階段，有時也可以加入別人的意見，但是到了這個階段就很難再擴大。一旦完成，就只能提出微調的意見，否則會全部推翻、砍掉重練，很容易陷入極端的狀況。

如果是任誰看來都像尚未完成的草案，無論什麼樣的意見，其他人都很容易提出來。這麼一來就能蒐集更多意見，增加構想。草案的有趣之處，在於可以加入其他人的意見、產生意想不到的構想。

「三手一組」啟發的工作思維

「三手一組」是使用草案時的關鍵字。所謂三手一組，是將棋等桌遊會出現的概念，意指預判到三手之外「自己這樣下，對方會這樣下，所以自己要這樣下」，進而布局。將棋大師羽生善治大師去企業舉辦的研討會演講時，經常提到「三手一組」。這是將棋界最基本的概念，大概是直覺告訴他，這個想法在商場上也很有效。

預料到自己這樣下，對方大概會這樣反擊，所以自己要下在這裡。只要每下一步棋都想到這樣一套觀念，就能提升身為棋士的功力。因為自己最終想下這一手，必須引導對方這樣下才行。為了引蛇出洞，必須這麼做，不能只想著下一步，**必須連對方會怎麼出手都考慮進去**。

草案也一樣。必須在思考「我這麼說的話，對方會怎麼反應」的前提下製作。以三手一組的方法，思考自己的第三手如何才能拿到滿分，再思考對方會怎麼盡全力做到滿分，進而作出屬於自己的草案。

如此周而復始，就能逐漸達成自己的行動目標。

也有故意用草案來激怒對方、混淆對方，藉此刺激對方說出真心話的方法。我還在顧問公司上班時，曾經故意以集中炮火在自己身上的方式製作草案。

「看到這個，那位主管大概會生氣吧」來預判對方的反應，故意在草案裡加入會惹惱該主管的內容，並且在會議上提出來。

果然如我所料。主管看到那份草案，氣沖沖的說：「為什麼要加入這種訊息？」我順勢陳述自己的意見。結果他又反駁：「不，才不是那樣。」討論因此變得極為熱烈。

其他人見我們討論得如此熱烈，也紛紛提出自己的意見。例如，「如果改成這個方向呢？」這樣一來，**以草案為基礎的構想愈來愈多，就能在第三步拿到滿分**。

因此，我總是以「來吧，來攻擊我吧」的心情提出草案。彼此都明白這是工作上必要的討論，不會因為這樣與主管變得水火不容，也不會把情緒帶出會議室。

另外，假如對方的構想不怎麼樣，也能利用草案來修正軌道。先依照對方想要的方向製作草案，再用自己覺得好的構想來製作草案，先給對方他想要的草案。

這時要告訴對方：「我依照您的指示做了草案，但我發現與B公司的服務大同小異。您覺得這樣可以嗎？」這麼一來，對方很可能就會發現「真的耶」。然後，再提出自己製作的草案，「我覺得如果有這樣的服務也不錯」，對方通常會欣然接受。

遇到這種情況，**如果硬碰硬的否定對方的構想，即使自己說的再有道理，對方也難以接受**。光是提出自己的草案，也可能會被駁回：「我要的不是這個，照我的指示去做。」因此，先依照對方的指示製作草案，請對方過目後，再勇敢提出自己的構想。依照這個順序來進攻，才能得到自己想要的三手一組。

草案其實是一種心理戰。了解使用草案的訣竅，就能得到自己想要的結果。

一塊白板、一枝筆，你也是提案高手

我剛進公司的第一年，有個主管要求我：「把每天想到的事整理成八張Ａ４，再交給我。」

他的用意是要我從每天的研究調查、以及與客戶的溝通時注意到的事情中，把或許可以用在專案上的事實整理成某種格式交給他。當時要做的工作堆積如山，我雖然內心叫苦連天：「誰有時間做這種事啊！」但實際做了以後，確實感受到效果。

新人還不太了解客戶的狀況，也不清楚哪些是現在手上專案會用到的【事實】。**每天做成報告、交給主管後，主管就會知道新人有哪些不夠理解的地方**。

「田中，你根本什麼都不懂嘛。」我曾經被主管教育過無數次。

有時候，報告內容寫得還不錯，也曾經被主管拉進專案小組。透過這些體驗，我充分感受到，把想法寫在紙上交出去，可以引出對方的反應、得到情報的感覺。從此以後，即使沒有人要求，我也會製作草案帶去給對方看，好從對方身上得到我想要的反應。

優秀的顧問在會議室裡會非常快速的做出反應。當客戶一提到「我們打算推出新事業」，絕不會讓客戶乾等，而是會立即做出反應，提出「想推出新事業是在兩年後嗎？」、「過去經手過哪些事業？」等問題。然後，再把問到的結果寫在白板上。

使用白板時有個技巧：一面仔細的整理【事實】與【架構（大綱）】與【意見】，在白板上進一步延伸打聽到的內容。不只是單純記下聽到的訊息，也要加入自己的意見，例如，「這項事業的市場現在是這種狀況，所以要介入可能有點困難」。

這麼一來，幾十分鐘後就能「這種新事業如何？」決定方向。客戶也能用手機拍下白板上的內容，帶回去討論。「感覺還不賴，我回公司研究一下。」

這時白板上的內容，就是所謂的「草案」。用白板可以巧妙引出對方的意見，同時看出難題，大家一起腦力激盪。更重要的是，寫白板不需要任何事前準備。如果是超級優秀的顧問，可以在白板上寫出草案的同時立刻談成新的案件。

我尚未達到這個境界，但我希望有一天，自己也能具備用白板引出大家的意見，並進一步製作成草案的水準。

準備草案給「明天的自己」

我喜歡為每件事思考「草案」。例如，把「今天的自己」和「明天的自己」當成他人來思考。然後在結束一天的工作時，準備好草案給明天的自己。

做法是簡單寫下「今天的自己」想到的事，給「明天的自己」看。經過一夜沉澱，隔天早上再看，比較能客觀審視，容易找到問題點或需要改善的地方。因為是第二天早上，有時候也會感覺不太對勁。「嗯……這好像不是我要的東西。」但這正是我的目的。感覺像是由隔天的自己糾正昨天的自己。

像是自家公司的簡介，我不會只做一次就結案，而是會定期重做。起初會先仔細研究別家公司的簡介，從中學習「有這種要素也不錯」，填滿自家公司的資料。創業後的軌跡、背景、重視的事物、成果、案例等，多多益善，務求滴水不漏。

用資料做簡報時，會向客戶蒐集各式各樣的反應。覺得「已經不需要再說明創業的軌跡」，就索性省略；覺得「必須開宗明義先介紹公司服務」，就更改架構，像這樣循序漸進的調整資料。一開始放很多舉例和圖片，當發現「話說回來，沒必要花這麼多時間強調視覺效果的呈現」時，便把例子改成條列式的資料。

可想而知，**所有資料對我而言都是隨時演化的「永遠的草案」**。我會提醒自己，為了變得更好，要不斷的升級、不斷的提高品質，好讓自己也能一點一滴的進步。

結語
令對方說出「不，不是這樣」，就算勝利

我讀書時，會先看「前言」，然後馬上看「結語」。感覺「前言」和「結語」各自誠實的展現出作者的思想和文體。看完這兩個部分，如果覺得「這本書很適合我」，其餘內容通常也會很適合自己，沒有例外。

有人跟我一樣嗎？很高興認識你。這種讀法很棒吧。

已經看完本書的讀者，也很高興認識你們。如何？希望這本書能給各位帶來一點啟發。

我在本書寫下我在外商顧問公司和新創企業所實踐、以「草案」工作的方法。提到對「草案」所需元素常見的誤解、真正需要的五大要點、以及製作草案需要的步驟、流程，如何用草案來溝通的技巧等。

以前我在京都國際漫畫博物館參觀「《姊嫁物語》展」。博物館展示的原稿不但很吸引人，作者森薰老師說的話也令我感動萬分（譯注：《姊嫁物語》是日本漫畫家森薰的作品，中文繁體版由台灣角川出版）。

例如，「請您對剛開始畫漫畫的自己說幾句話」：

- 注意完美主義的陷阱，要有從垃圾開始畫起的勇氣。
- 不斷的畫出比上次更好一點的原稿。說穿了，創作就是這樣。

（部分摘錄）

以上兩點幾乎概括我想在這本書的最後對大家說的話：

◎ 別想一開始就做出本書所介紹的「草案」。請擁有從有如垃圾般的「草案」開始做起的勇氣。

◎ 要做出比上次對方委託自己時更好的「草案」。或是請對方做出比上次自己委託對方時更好的草案。

走進大型書店，陳列經營、商管書的書架，強調「〇〇思考」、「〇〇的技巧」、「〇〇的工作法」的書塞滿一整牆。在亞馬遜打開「實用商業」的類別，琳琅滿目，多達四萬本書。其中真正能為自己的工作帶來變化的書，又有多少呢？要是看完以後，無法讓讀者產生「好吧，我來試試看！」這樣的念頭或行動，一本商業書的價值究竟在哪裡呢？我寫這本書的時候，一直掛念這一點。

老實說，能否讓各位讀者感受到名為「草案」的工具可為工作帶來衝擊及其魅力，我其實沒有信心。我也暗自期待有更優秀的企業家或上班族寫下「不不不，不是這樣的，所謂的草案是……」的書。因為，表示本書確實發揮出激發更好構想的「草案」功能。

謹以這本書獻給正煩惱不曉得該怎麼處理草案的新進員工、中階幹部們。請擁有先從垃圾開始做的勇氣，只要下次能做出比上次更好的草案就可以。

至於對草案很有意見「不不不，不是這樣的，真正重要的是……」的專家、學者們，請務必也公開你們的真知灼見。

不管是誰，只要有人想展開思考、採取行動時，希望本書都能成為你們的「草案」。

最後，我想向參與本書企畫、編輯的各位致上誠摯謝意。期盼各位能以這本書為草案，出版更好的書籍。

二〇二三年六月　田中志

國家圖書館出版品預行編目（CIP）資料

BCG 企畫思考 / 田中志著；賴惠鈴譯. -- 臺北市：
遠見天下文化出版股份有限公司，2025.03
256 面；14.8×21 公分（財經企管；BCB870）
譯自：仕事がデキる人のたたき台のキホン

ISBN 978-626-417-206-6（平裝）

1. CST：職場成功法 2. CST：工作效率

494.35 114000940

財經企管　BCB870

BCG 企畫思考
仕事がデキる人のたたき台のキホン

作者 —— 田中志
譯者 —— 賴惠鈴

副社長兼總編輯 —— 吳佩穎
財經館總監 —— 陳雅如
責任編輯 —— 楊伊琳
封面設計 —— 賴維明（特約）

出版者 —— 遠見天下文化出版股份有限公司
創辦人 —— 高希均、王力行
遠見・天下文化 事業群榮譽董事長 —— 高希均
遠見・天下文化 事業群董事長 —— 王力行
天下文化社長 —— 王力行
天下文化總經理 —— 鄧瑋羚
國際事務開發部兼版權中心總監 —— 潘欣
法律顧問 —— 理律法律事務所陳長文律師
著作權顧問 —— 魏啟翔律師
社址 —— 台北市 104 松江路 93 巷 1 號

讀者服務專線 —— 02-2662-0012 ｜ 傳真 —— 02-2662-0007, 02-2662-0009
電子郵件信箱 —— cwpc@cwgv.com.tw
直接郵撥帳號 —— 1326703-6 號　遠見天下文化出版股份有限公司

電腦排版 —— 綠貝殼資訊有限公司（特約）
製版廠 —— 中原造像股份有限公司
印刷廠 —— 中原造像股份有限公司
裝訂廠 —— 中原造像股份有限公司
登記證 —— 局版台業字第 2517 號
總經銷 —— 大和書報圖書股份有限公司 電話／ (02)8990-2588
出版日期 —— 2025 年 03 月 31 日

定價 —— NT400 元

ISBN —— 978-626-417-206-6
EISBN ——9786264172301（PDF）、9786264172295（EPUB）

書號 —— BCB870
天下文化官網 —— bookzone.cwgv.com.tw